U0163074

后浪

全流程图解版

装修做好三件事就够了

王奕龙——著

江苏凤凰文艺出版社
JIANGSU PHOENIX LITERATURE AND ART PUBLISHING

目　录 CONTENTS

第2步 房屋系统

2

第3步 装修风格

推荐序

几十年来，中国的城市化进程改变了数百座城市的整体面貌。体育场馆、高铁车站、摩天大楼、会展中心…… 当我们在关注和从事这些巨型建筑设计的同时，也必须时刻不能忘记：家，才是人类生存最温暖的场所。

本书作者王奕龙先生曾经就职于 CCDI 悉地国际设计集团。如果说，他在 CCDI 的工作经历是曾经参与了中国城市建筑的宏大叙事，那么，如今这本新书可谓面向城市末梢的微小单元——千千万万家庭的居家生活，如何装修自己的空间，如何做得更经济、更舒适、更美观。在我看来，这同样是个了不起的话题。

对居家细节的考虑深度，极大地决定了我们居住品质的进步程度。这本新书与市面上很多装修图册的最大不同，在于从建筑系统的层面，为公众深度解读装修的本质，传播如何开发房屋居住价值的技巧和方法。从厨房的刀具到阳台的种植，从卫生间的尺寸到照明系统及智能家居，作者事无巨细、不厌其烦、又不失趣味地给出了合理的指引。

房子作为居住的载体，提供给人们的不仅仅是遮风避雨的场所，还是情感和物质的寄托。越来越多的家庭现在更加注重购房后的装修阶段，还有些人每逢五年十年就要把旧房重新改造一下，以符合新的生活状态和家庭结构的周期变化。这本新书中提供了许多可以借鉴和参考的“样板间”，按照尺寸大小依次排列，作为标准化的空间设计，这些都能给人们以实实在在的帮助。读者可以对号入座、按图索骥，对未来的幸福居所进行合理的设计和规划，打造一个属于自己的美美的家。

单增亮

创始人、董事长

CCDI 悉地国际设计集团

自　序

提到装修，我有许多话想对大家诉说。平时我只能通过建筑师的角色，默默地为一户户人家设计房子，始终不可能让更多的人认识到和获得美满的装修。这些关于装修的话语和想法就如同萦绕在我脑海中挥之不尽的情愫一般，一天天持续折磨着我，直到我下定决心，将我对装修的认知和理解总结成书，将装修的秘密诉诸大众，我才感受到无比的快乐。这本书便是我对于装修的那些不吐不快的理解与想法。

我和装修早就结下了不解之缘。早在 20 年前上中学的时候，我就对居家和装修颇感兴趣，家里每添置一个新物件，每置办一件新家具，我都感到兴奋不已。家里居住过的房子，从 90 年代的筒子楼到现在住的带阁楼的小屋，中间换过许多次房，也经历了许多次装修，父母带着我从最开始丈二和尚摸不着头脑，到后来轻车熟路完成满意的装修，这些经历都对小时候的我产生了极大的影响。还记得在顶着沙尘暴骑车上学的年代，每每经过尘土飞扬的“上地建材城”，我都会驻足于那些顾客盈门的店铺，并多看几眼摆在门口的建材和装饰，想着终究有一天，我会将它们理解透彻，完美地应用在我的家中。

从此我立志当一个建筑设计师，不为了搞大项目、赚大钱，也不为了设计地标名留青史，只为装出一套能令我自己满意的家。后来我如愿考上了国内的建筑“老八校”之一，就读于建筑设计专业，并从此开始追寻大师的脚步探访世界各地的住宅，吸取海内外的设计理念。从日本安藤忠雄的住吉长屋走到美国赖特的流水别墅，从塞浦路斯岛上的地中海边住宅寻访到伊朗带着伊斯兰拼花的拱顶古宅，近十年间我走过了 50 多个国家，签证布满两本护照。直到看过这么多国家的无数住宅案例，我才知道了什么样是好的住宅，什么样是好的装修。在这本书中，我将把自己从事建筑与装修十余年间沉淀的经验和想法一一道来，希望能在装修的道路上为读者增添助力。

王奕龙

2021.3.14

序章　装修的正确打开方式

装修七宗罪

装修，是一件烦琐复杂的大工程，又是一件将会影响自己和家庭的生活质量几年乃至十几年的大事情。可在很紧迫的时间内、高难度的问题中、从未接触过的领域里，装修的小白朋友们很可能就掉进充满了陷阱的装修坑中。

总结起来，装修中最容易犯的错误当属这七个，可把它们称为装修的“七宗罪”：

一、急着装修

房子一下来，钥匙一拿到，很多朋友就恨不得赶紧搬进新房子入住，什么都没想，第一件事就先找施工队开始拆的拆打的打。而大多数人对于装修的看法，还停留在装修能不被施工队坑就算好了，根本没思考空间的布局和房屋的系统。结果往往到最后很多东西欠考虑，还没入住就开始后悔：为什么厨房插座这么少，本来就不大的厨房台面上摆满了插线板；为什么从日本买的智能马桶圈没用几天就堵了，后来发现是因为水质没处理；好想在餐桌正上方挂一盏漂亮的吊灯，却发现没预留灯口；想装一个美美的衣柜感应灯却发现衣柜处没有预留插座。

还有不少人由于在家具城、家博会逛到腿软，被花里胡哨的家装市场晃了眼睛，被建材销售忽悠得头昏脑涨。到了装修后期，已经焦头烂额到顾不得风格美观不美观，格调高雅不高雅，能把冰箱、洗衣机这些大块头电器找地方塞下就不错了。

其实，之所以很多人感觉装修太累、太操心、太折磨。就是因为他们在装修动工之前没有系统地考虑过装修这件事。没有头绪、没有思路、没有想法，只能在逛家居市场的过程中，一边摸索一边实践，一边学习一边采购，一边小心辨识一边却又跳入坑中。造成的后果就是，装修完房子，总有一大堆的不如意，一大堆的冲动和后悔。留下了许多遗憾和教训，并伴随着生活，存在几年甚至十几年。

装修是件大事，不比高考、恋爱、工作、生娃的事情小，为何不认真一点，不多留一些思考的时间，而非要那么草率地做完呢？在我看来，在装修前至少应该预留两个月的考虑时间，看几本好的装修指南，和家人一起讨论生活的需求和对未来生活品质的期待，认真测量一下自己的房子并画成平面图，好好考虑每一个房间的布局和改造方案。

你只需多花一点点时间和成本学习一下，就可以完全从外行变成内行，从“没想过”变成“想清楚”，从“裸奔”变成“武装到牙齿”。希望看完本书，你就能知道到底什么才是装修的关键和重点，什么是可以不必花心思和金钱的，你会明白如何装修出一个既好看又好用的家。

二、盲目信任各种“师”

有人为了图省事，想花钱买个省心，就把房子撒手给了装修公司的全包服务，另外厨房也找的是整体厨房，家具也都是全屋定制。全部装下来钱没少花，可房子却不满意：屋主当初在效果图里看到的样子，最后都没实现；当初在橱柜样板间看好的橱柜品质，到了自己家都缩水了；当初在衣柜展厅展示的衣柜照明条，到了自己家的衣柜上却一个也没有。

究其原因，就是太过于盲目信任各种“专业人士”了，而没有信任自己，没有自己操刀。

说一句得罪人的实话，装修公司设计师、整体厨房设计师、空调新风设计师、定制家具设计师、家具家电的安装师傅以及你家的施工队工长，这些人对你家的一切行为出发点只有两个，赚钱和省事。说白了就是赚省事的钱，他们并不会多替你考虑房子的品质，也不会为你深思熟虑人性化设计，更不会为你家做出任何有创新的变动。他们长年的工作状态就是放空大脑，机械式劳动，因为这是枯燥乏味，每天都要干的工作。装修对于他们来说，已经没有任何兴奋点和刺激性。你认为这是你未来生活的新家，而在他们的眼里，这不过是今天的第 N 个活，后面还有 N 个活急着催图，简单糊弄糊弄就得了，说不定还是个刚入职的实习生正在拿你家来练习 CAD 软件呢。

装修不能靠撞大运，凭缘分。佛系装修想要遇上一个有经验、审美高、为你设身处地着想还不坑你的设计师和装修师傅，概率几乎为零。如果你毫无保留完全信任他们，只代表你可以任人宰割。

只有信任自己才能装修出满意的家

装修这件事，一生中未必遇到几次，而装完要在自己操刀的家中度过很长一段时光，你应该事必躬亲，而不是把这种大事交给并不可靠的别人。其实许多问题非常简单，只是因为你没获取到这些信息。其中绝大多数信息看一眼就能明白，你也就能避开好多朋友装修都曾掉进去的坑。看完本书，相信你就可以信任自己，成为装修大拿，去挑战各种“师”的权威了。

承重结构万万拆不得

最后你家装修还是需要你自己多操劳，多担待。因为只有自己，才能负责起自己的家。

三、乱拆墙

不少人开始装修的第一件事就是拆墙，能打的都打、能拆的都拆。可这件事一定要在设计完、想好了布局、问过物业结构事宜之后再去做，否则有时不仅费力还不讨好，甚至会威胁到身家性命。

先说设计上有没有拆的必要，如果能扩大厨房、卫生间这类性价比超高的房间面积，或通过拆墙而打造出豪华主卧套房，是推荐拆墙的。而只是“看着不顺眼”，并没有使居住品质有所提升的，则并不推荐拆墙。

再说什么墙不能拆，什么墙能拆。原则上来讲，负责承重的墙、梁、柱，都是不能拆的。

什么是承重墙？钢筋混凝土墙、剪力墙。所以一般大于 150mm 厚（抛去砂浆面漆层的净厚度）的墙最好不要动，但凡拆除时拆到结构钢筋（不是拉结筋），就不

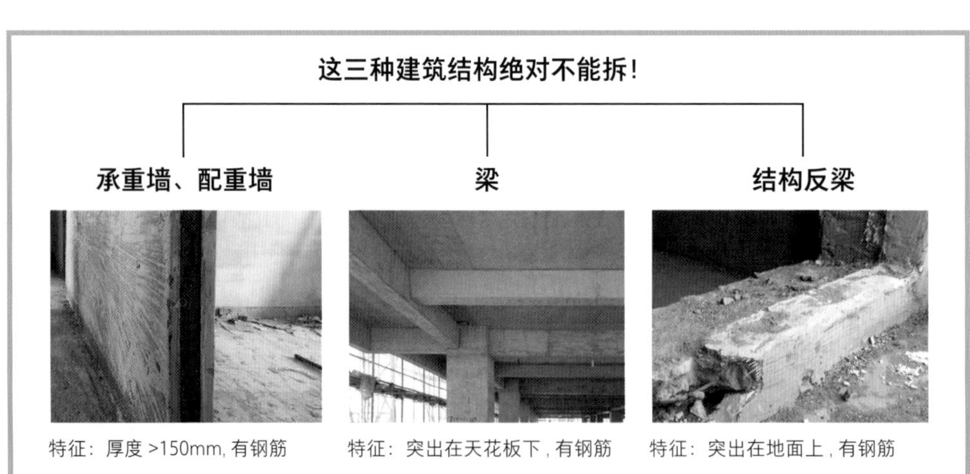

能再往下打了。另外梁也是不能拆除的，而有时梁并不在天花板底下，而是在地面上，叫作“反梁”（在客厅、阳台、窗台下会见到），也是不能拆除的。

通常只有 100mm 厚、140mm 厚的红砖墙、轻质隔墙（它们的简单判别方法就是用手指头敲起来有空响）才是可拆的墙体。

四、风格不统一

开始装修的时候相信诸位的手机里都存满了各式各样喜欢的家装图片，什么风格都有，哪种风格都无法忍痛割爱。有人可能会说：“性冷淡、西方古典、小清新我都想要！”实际上如果把每个风格都只落实一点，搭配起来就特别奇怪。比如由于 MUJI、北欧风格大热而流行的“性冷淡风”。大家一听这名字就想当然地以为是“灰色”。结果只断章取义地把自己家的卫生间墙涂成灰色，可能效果仅仅是压低了房间的整体亮度，实际上并不好看。真正代表北欧风格的是基本款家具和简单色系，是清水混凝土、玻璃和钢材的现代手法，是四白落地的墙和白色自流平的纯粹。北欧风格并不一定是灰色的，也可能是温馨的木色、小清新的粉色甚至是工业的黑色。

不讲原则的装修风格混搭就好比穿了一身名牌，但实现的效果却花里胡哨，甚至令人发笑。设想一下，如果让中式的家具、西方古典式的大理石壁炉和中国特有 KTV 玻璃拼镜等元素同时出现在家中，就会让本来很温馨的家变得不伦不类。一个风格的实现需要所有材料（墙、地、天花板、门窗、家具）一齐搭配发力，才能做得统一和好看。所以一切材料都应该按照同一个风格系统选购。怎么把风格做统一，参见本书第三步——装修风格。

五、装修就是打柜子

不少朋友一提到装修就说要“打柜子”，认为没“打柜子”的装修就像没装修一样。

过多的柜子反而会让家变小

家具要定制家具，恐怕是因为不少朋友神话了“定制”二字，因为“定制”听起来好像是一对一的专门服务，专门为你家而人性化设计似的。其实这是一个极大的误区。

首先定制家具在质量上肯定不如

量产的现成家具，成品家具都是经过多年市场考验的设计方案，而专门定制的经常会出一些低级设计错误，比如定制衣帽间没考虑你转身的余地、定制门厅柜没考虑到鞋的高度，更有甚者衣柜门太大或太小关不上，尺寸没对上。你要考虑到定制柜子公司的画图小哥每天可能要画无数家柜子的方案，给你家的柜子画图纸的时间估计顶天只有一个小时，根本来不及细细推敲、反复琢磨。但就算你说："我花大价钱找大品牌，质量肯定没问题。"那也需要衡量一下，你家的柜子到底需不需要定制，市场上那么多成品家具方案难道真的没有一款合适你家吗？仔细想想尺寸和布局，说不定自己买个成品衣柜就能"定制"出又省钱又好看的衣柜了。衣柜和衣帽间到底怎么做，参见本书第一步的"卧室"一节。

六、不实用的家具

购买家具前应当扪心自问：我真的需要这些家具吗？经常见到这样的情景：在餐厅打了一组又占地儿又花钱的酒柜，后来才发现自己压根不喝红酒。在客厅打了一整墙的多宝阁和书架，后来发现自己不看书，也没什么值得拿出来摆的装饰物，结果过不了几个月里面就堆满了乱七八糟的杂物和日用品。还有朋友听从了定制厂商的建议，把卧室垫高打了榻榻米，说是能扩大收纳，后来发现压在沉重的床垫底下的柜门其实一次也没打开过。还有一些创意的、多功能的、可折叠的家具，在实际的使用中，只要摊开放平了，就再懒得折叠回去。这些都属于不实用的家具，家里到底需要什么样的家具？请参见本书第三步的"家具"一节。

从不喝红酒的家里却打了酒柜

七、晃瞎眼的吊顶灯池

这种浮华土气的灯池流行到家里，大概是起源于 KTV。人们装修好面子，喜欢用这件事来证明自己，而吊顶就成了人们炫富和摆场面的重灾区。

形同 KTV 风格的繁复吊顶

也不排除是另一种原因：在装修期间，木工不遗余力地想让自己的活干得更多一点、工长想让自己库存的石膏线卖得更快一点，便强行推销给你，如果你不思索没意见的话，装修完一抬头，这 KTV 吊顶灯池就像流感传播一般挂在了你家客厅上。吊顶究竟做不做、该怎么做，参见第三步的“主材”一节。

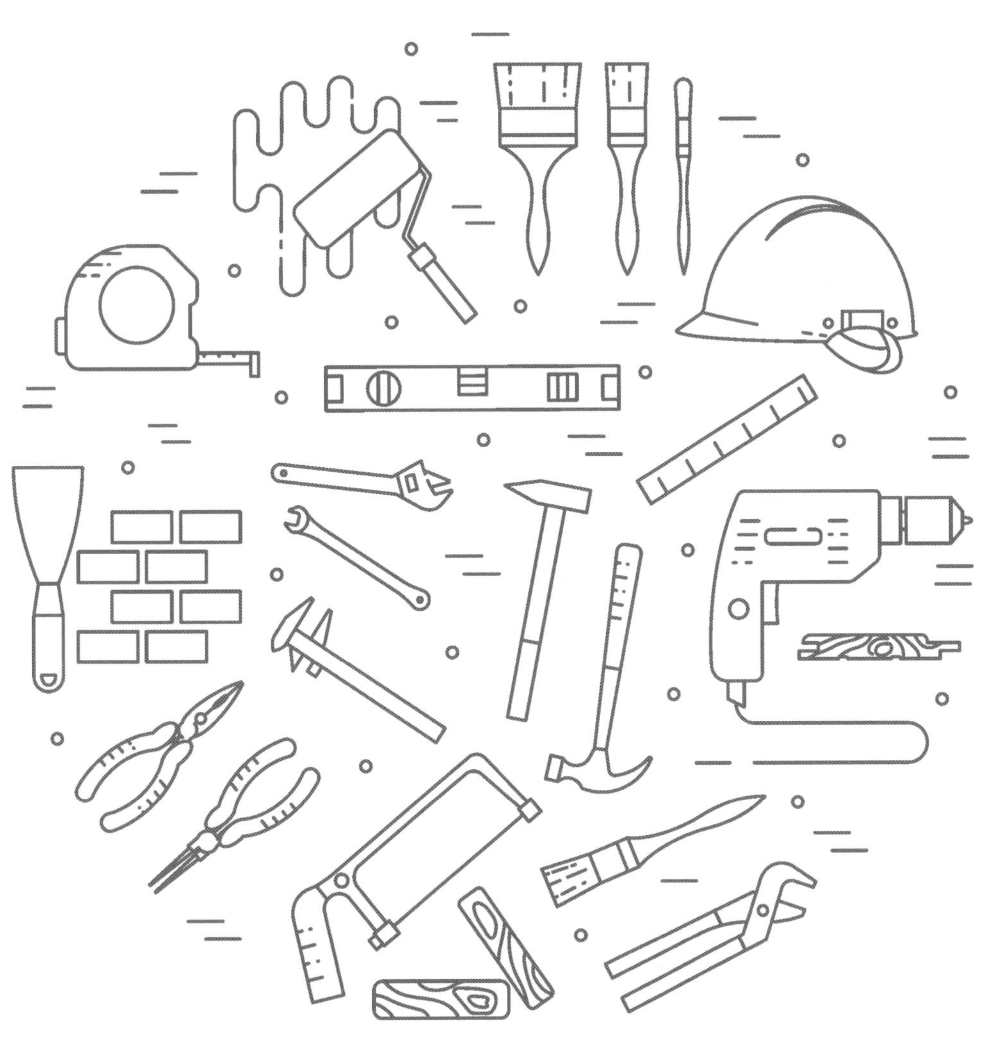

装修的本质

装修陷入误区是因为对装修的本质没有清晰的认识。如果还没参透装修的真谛就匆忙进入装修施工的阶段，这七宗罪也非常有可能会落在你自己正在装修的家中。

给大家分享几条我对于装修的感悟：

装修是对未来生活品质和幸福感的投资。

这里会是你的家，这里将来是你与家人一起生活长达十年甚至二十年的场所。这次装修每一个材料、每一件产品、每一间房屋的规划，这些看似点点滴滴、细细碎碎的东西，都将影响到你家未来的生活品质和幸福感。一定记住这句话：装修的本质是投资，是对未来生活品质的投资。

装修是一个不断买买买的过程，你的消费观在装修中将会一览无余。

在装修期间，短短几个月你将消费高达十几万乃至几十万的钱，购买大件小件成百上千个。我进出过无数次红星美凯龙、居然之家等大型建材市场，在大堂入口处，总能见到人生百态，见到过年轻情侣怒目对峙，见到过带着孩子的夫妻大声吵架，见到过无奈的丈夫被强势的老婆拉扯着拿着钱包的手到处刷卡付款，见到过举重若轻的单身白领大包小包买高端产品如同逛水果超市般自在潇洒，还见到过亲密无间的恋人满怀欣喜地讨论未来新家。装修就是买买买，能够看清自己，也能看清家人。

装修要把钱花在刀刃上，而不是面子上。

为了面子的装修是装出来给别人看的，那一定不会是好的装修。炫富式的装修只会满足自己在亲朋好友们第一次来家做客那几个小时的虚荣心，而真正伴随你每天生活的，是这个家实实在在的功能和布局。在装修前以及装修过程中，你可以这样去做：设想这座住宅是一个地处丛林深处或是孤岛海滨的隐居之所，不会有亲邻的参观拜访也没有别人的评判，这是一栋完完全全给你和你的家人使用、生活的房子。怀着这样的心态装修，列出你真正的需求和期待的样子，把钱用在你未来生活中真正需要用到的地方，你就一定能够装出一个真正的好房子。

装修预算不是越低越好，有些钱不能省。

尤其是有刚性需求的功能性产品不能省——隐蔽工程不能省、厨房电器不能省、卫浴花洒不能省、开关插座不能省、五金防臭不能省。装修预算绝不是越低越好，盲目图便宜的装修业主其实反而容易成为不良商家的宰割对象。多花心思和时间写清自己的生活需求，调查清楚同等材料产品的低价购买途径，端正消费观做到没有癖好和偏见，才是真正的省钱之道。

收纳不是装修的全部，要适当留白。

有足够留白的装修才能具备美学价值，满满的柜子只会让人觉得“很能装”。太多的柜子只会让你收纳无数并没什么价值也从来没用过的破烂，用起来也并不好用，因为有太多的柜子、太多的抽屉和太多的东西，想找的东西根本想不起来放在哪里了。收纳的目的不是一股脑把所有东西都收起来，收纳的第一步也是最重要的一步，是扔。在搬家入住前，把常年不用的东西，比如藏污纳垢的洗脚机、只在买时用过一次的酸奶机、鸡肋的锅碗瓢盆等（虽然当初购置它们可能花了不少钱），赠予他人或者直接扔掉。当你轻装上阵拎包入住，你的家才会既好看又好用。

陷入某种装修情结，容易走偏路。

装修的商家有着多种多样的营销方式，传播各种吓唬人或安抚人的词汇。而不少消费者就把这些对营销术语的一知半解，当成了自己的信仰和情结：有人对板材封边有着强迫症，看不得一点没经过封边处理的刨花板；有人将实木奉为信仰，管它真实是什么，只要销售说出的产品名字里带了实木二字才能心安；有人对甲醛惊恐万分，用硅藻泥绿萝和活性炭包筑造了一个让自己心里舒坦的家；还有人对辐射恐惧，怕楼顶的信号基站，怕窗外的高压电线，怕电视柜里的路由器和厨房的微波炉，就连踩在大理石地面上都感受到脚掌隐隐有一种被灼烧般的痛；还有人对净高、风水、朝向有强迫症，等等。这些情结都会令你的装修之路越走越偏，以至走向一条路数不对却烧钱无穷的歪路。放下那些术语和成见，不带情结和信仰地装修房子，你才能轻松愉悦又经济实惠地装出一个好用又好看的家。

装修三步法

只有了解装修的三个步骤，了解哪些是装修中重要而值得投资的事情，哪些是次要甚至是坑人的事情，才能绕开陷阱、绕开玄学，走向装修的光明大道。

装修装的是什么？应当有这样的认识：采光、通风、水暖电的质量要比家具的布局重要；而家具的布局又要比装修风格重要。可悲的是，太多的人乃至太多的设计师，都钻进了视觉的牛角尖里，以为装修等同于风格。而真正的好装修是如何实现的呢？

本书将会告诉你，装修一定要进行以下这三个步骤：

1 空间布局

玄关、厨卫、餐厅、客厅、卧室等所有房间的规划和家具摆放。只有精细地规划每一间房间、认真思考每一个功能、精心放置每一件家具，才能让空间和家具发挥它们最大的作用，才能住得既舒服又不浪费面积。

这一步决定了家好不好用。

---

2 房屋系统

与照明、电、水、暖气、空调等相关的房屋系统铺设。这是装修最基础，也是最根本的环节，水暖电如果不好用，那么生活品质无从谈起。

这一步决定了家的生活品质。

---

3 装修风格

决定装修风格的主材、家具以及装饰，它们都应当是现代的手法和形式，这才符合时代的审美。看完这步，相信你会对美有一定了解。

这一步决定了家好不好看。

装修的目的，是对未来生活品质的投资，所以家里的光水电暖这些物理属性是最基本、最重要的，暖气不热、电表跳闸可是要比沙发选丑了更加致命和闹心的问题。而空间如何布局更是会影响整个生活的品质，或许只是因为卧室里的衣柜摆放位置欠考虑，就从原本可以做到的大型衣帽间，变成了出租房似的简易衣柜。再次重复这句装修至理名言：

装修是对未来生活品质的投资。

装修需要考虑的东西很多，对于一个装修小白来说，可能早已超出了认知范围，这时如果只是东一榔头西一棒子，不成体系地跟工长师傅讲述你的需求，装出来的效果一定是远远达不到你对未来生活的期望的。

按照本书步骤，一步一步来，一个房间一个房间地搞定，一个专题一个专题地攻破。学习时间成本大约只要五天，你就能对装修的重点和思路有一个充分的了解，然后就可以自信地去打造一个梦想中的家！

三步装修法，才是装修的正确开启方式。

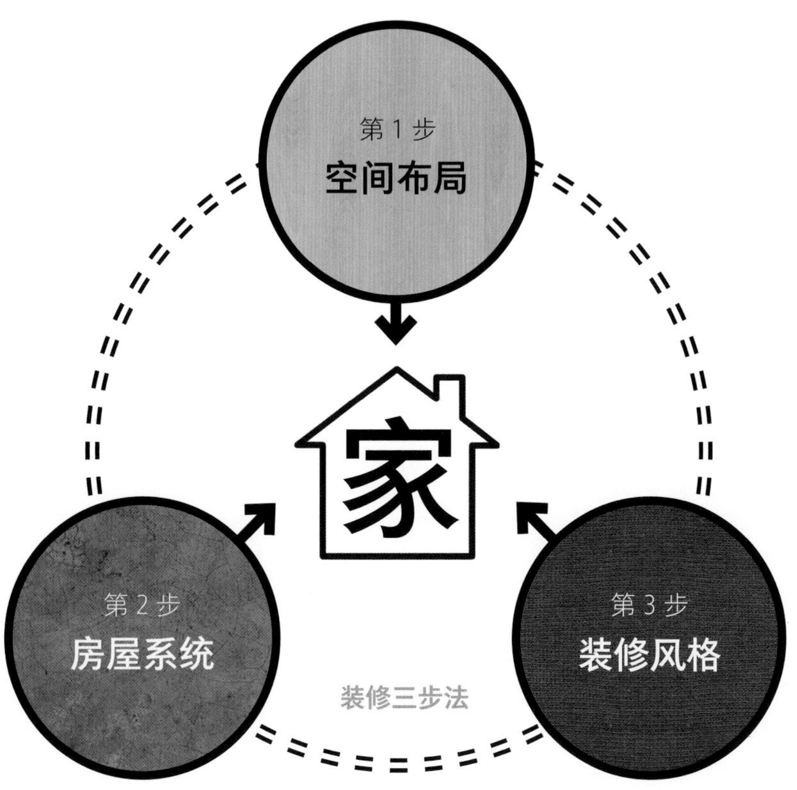

第 1 步

空间布局

相信许多朋友走进自己未来家的毛坯房里，拿出一张 A4 纸画个草图，标记出厨房、卫生间、沙发、电视和餐桌，然后自信满满地觉得这就已经思考成熟，可以开始装修了。其实装修不是简单地摆家具，而应该从人的行为出发，预想你将来的生活行为路线——从进门到出门，从起床到化妆更衣，从下班买菜回家、洗菜切菜到烹饪上桌，把自己想象成这个温馨的家里追求生活品质的主人。

用细腻的感情、打造温馨家庭的思维来思考：

你会发现，厨房不仅需要灶和水槽，还要有一个足够大的切菜区域和灶旁盛菜区域。

你会发现，一进门需要先脱鞋、脱外套、摘帽子，然后挂包、挂钥匙，这一系列行为动作都需要对应的收纳储物家具。

你会发现，客厅未必一定要墙多长沙发就多长——对着前面的电视机。也许自己未来的家可以是一个能够与亲朋好友围坐在一起聊天交流、读书、听音乐或与孩子玩耍的空间。

你会发现，每个卧室一组 1.5m 的衣柜可能并不足以满足你对穿衣打扮的需求。“我的主卧要有一个整间衣帽间，像大明星那样！”

你还会发现，或许不需要把三居室中的所有房间都装修成卧室（摆上一张床和一组小衣柜）。如果家里长期只有夫妻俩住，把原本是次卧的房间打造成影音室、书房或健身房，说不定更能满足二人世界的高品质生活需求。

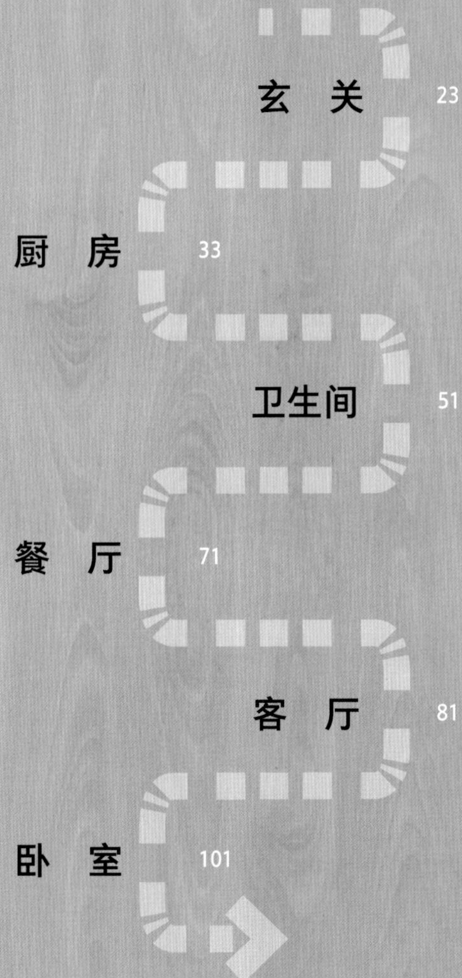

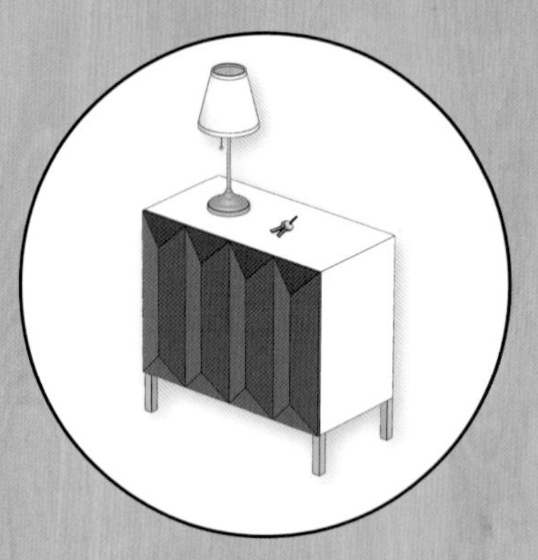

玄 关 FOYER

第 1 步 | 空间布局

打开入户门，进入的第一个地方，便是玄关。道教里“玄”是神妙深奥的意思，佛教中入道的法门谓之“玄关”。而在今天的日常生活中，玄关便是进入到正式房间之前的过渡空间，指的是门户，也就是常说的门厅。

这里是家里使用频率最高的地方，也是开门见山展示家里品位的场所，却又是在装修时最容易被人忽略的空间。它的功能需求其实极大，在玄关里要解决许多实际的问题——家里来客人衣服挂哪里（是不是只能搭在餐厅椅背上或者客厅沙发上）；进门换鞋脱下的鞋放哪里（是不是只能杂乱无章地摆在过道当中）；外面下雨了雨伞是否能很快被找到；钥匙、钱包能不能在出门前就摆在手边；有没有一盏灯在欢迎你归来——随着你入户换鞋而亮起（还是你只能到家后匆忙地在黑暗中寻找灯具开关）。

要想完美解决以上问题，需要用心设计玄关。

玄关里的功能家具

玄关应当具有强大的收纳能力，玄关好不好用就看收纳能力强不强。平时感受不出，但其实小小的地方要装下这么多东西！

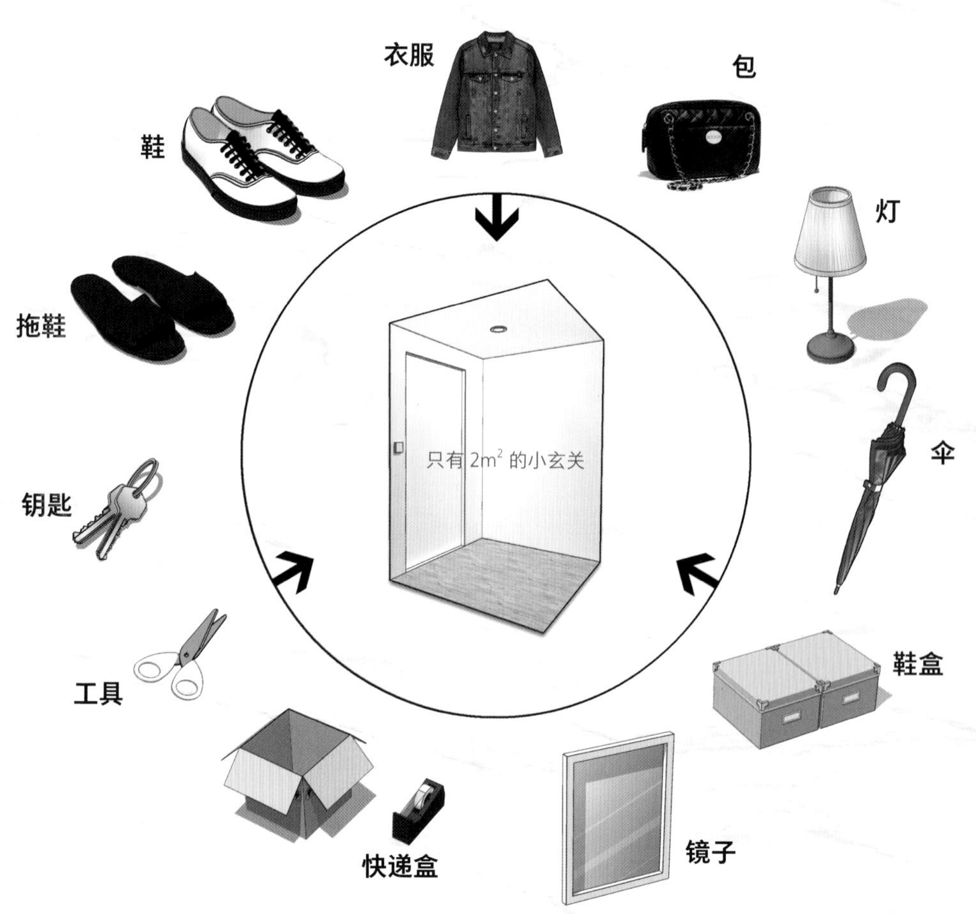

想象这样的使用场景：进门之后要脱下脚上的运动鞋，换上拖鞋，还要脱掉大衣摘掉包，放下钥匙和雨伞。而收寄快递这种事情，也通常发生在门口，这时又需要纸盒、快递单、泡沫、剪刀、胶带等与快递相关的物品。还有一些设备工具类，如扳手、电钻等也有不少人习惯收纳在玄关处。

用这些家具来收纳上一页提到的玄关物品，以下四个功能性家具在玄关中缺一不可，它们共同构成了一个完整的玄关。

❶ 鞋柜

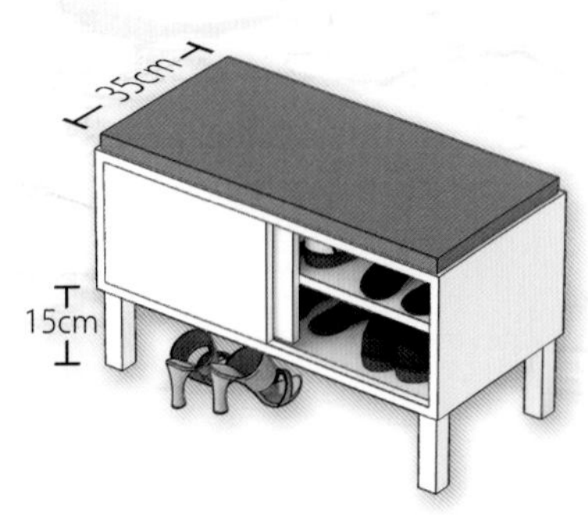

西方通常进门不脱鞋，所以通常没有鞋柜。而东方国家如日本、韩国、中国，都是喜欢进屋脱鞋的，所以一定要有一个收纳鞋的地方。可以是封闭式鞋柜，也可以是能坐着穿鞋的鞋凳。

鞋柜的深度比男主人最大号的鞋子深一点就可以了，通常是35cm。鞋柜下方应该空出15cm的高度，以便把常穿鞋放在开敞的明面上。另外，别忘了在方便处放置鞋拔子。

❷ 挂衣钩

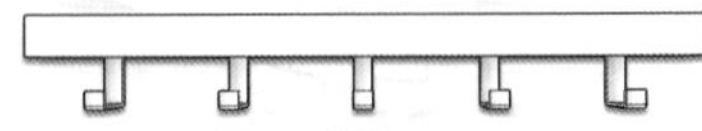

进了屋挂大衣、挂帽子、挂包包，这一系列动作都需要在玄关完成。实现此功能的物品可以是一排钉在墙上的挂钩、独立式衣帽架。如果空间宽敞的话，可以是一个衣柜。

❸ 储物柜

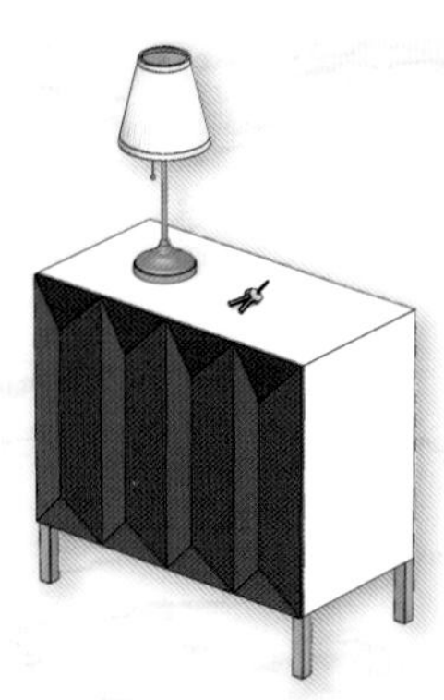

台面上放钥匙、钱包。还可以摆花瓶、放台灯，家里的温馨气氛从进门起油然而生。柜子里可以收纳拆快递用的剪刀、快递单、快递盒、雨伞、雨衣、电动自行车充电器等。

要想拥有如此强大的门厅收纳功能，一个储物柜是必不可少的。

❹ 镜子

出门前对着门厅的镜子再一次整理仪表，让自己信心满满，保持一整天的好心情。

镜子可以让本来较小的门厅空间，在视觉上放大很多，看起来更加宽敞明亮。

玄关可以分为两类

诸位可以看一看自己的家，对照下图比较一下自己家玄关属于什么类型，尺寸是哪个。

走廊式有玄关型

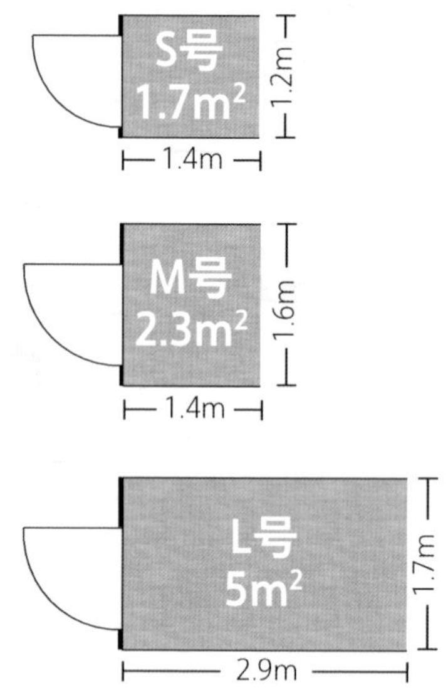

无论实际上是 I 形、L 形，都可算作是走廊式。

先天不足无玄关型

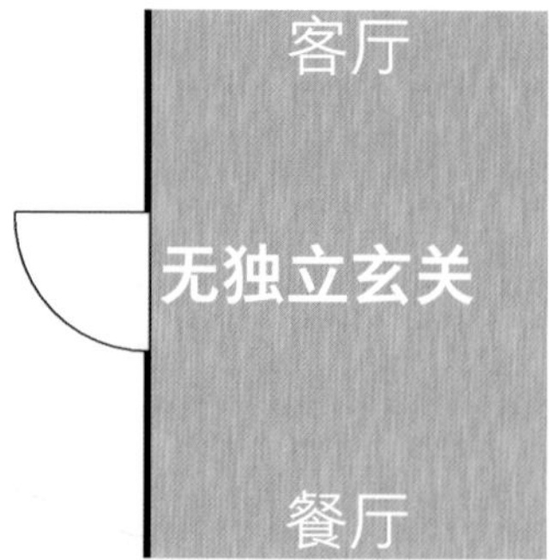

就算本来没有玄关，也应该着意打造出一个。

无玄关型

先说无玄关型，尤其是某些旧房子、老户型没有考虑到玄关，进门就是厅，有两种思路：

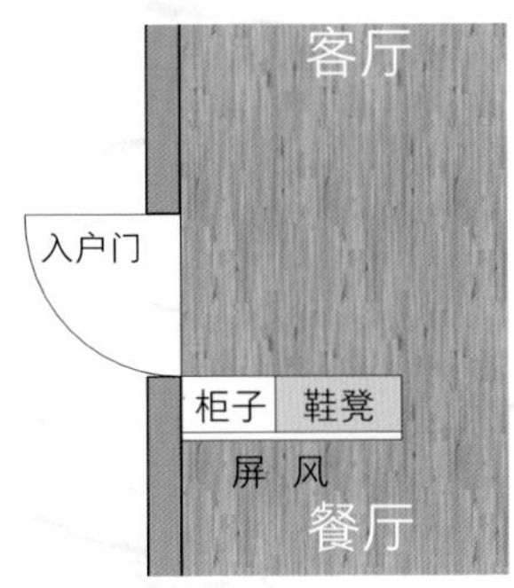

第一种方案：垂直于入户墙放置储物柜和鞋柜。另外可在玄关柜后设置一个屏风，既可以阻隔外人透过入户门往里看的视线，又可以在上面钉挂钩。

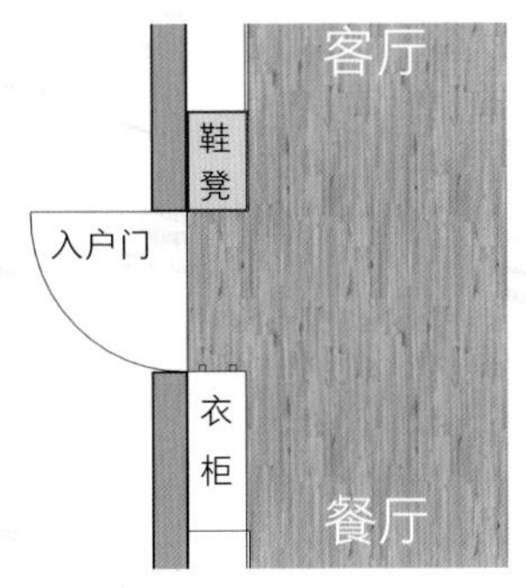

第二种方案：平行于入户墙放置衣柜和鞋柜。还可与餐厅柜、客厅电视柜整体设计、统一风格，让玄关的鞋柜、衣柜和餐厅、客厅的柜子通长，共同形成一整面墙柜的效果。

S 号玄关

家里本身就有玄关的话，就好办多了，至少可以摆个小型鞋柜。1.2m 宽是典型的小玄关宽度。因为入户门宽通常就要 0.9m，于是剩余给鞋柜的尺寸大约 30cm 深。而 30cm 这一深度已经无法平着放鞋了，所以斜放式鞋柜几乎是小玄关的唯一选择。

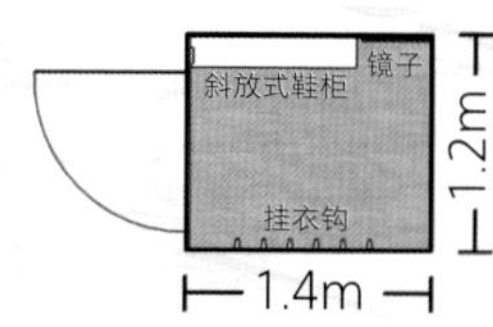

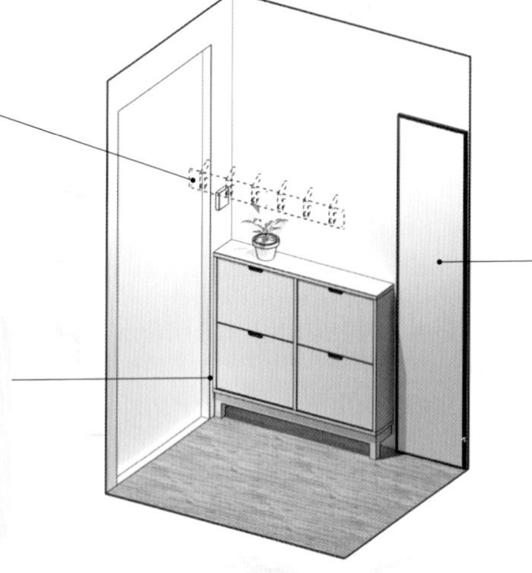

M 号玄关

普通玄关的宽度是 1.6m 起，这样的宽度足以放下 40cm 深的储物柜和收纳式鞋凳。

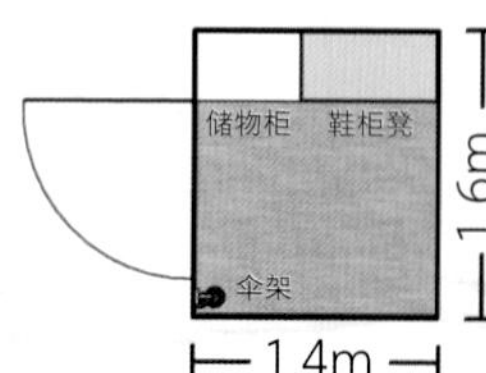

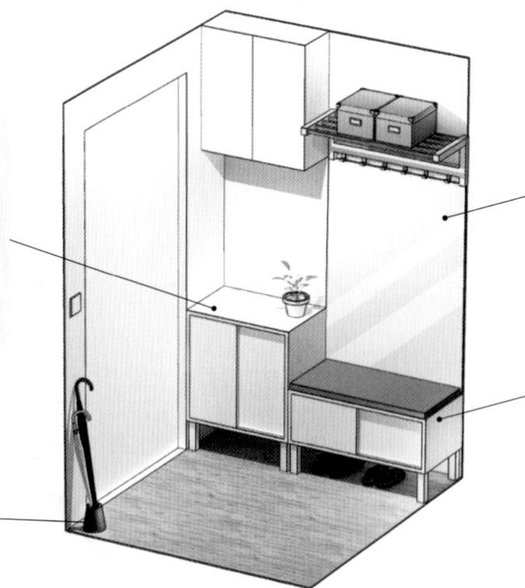

L 号玄关

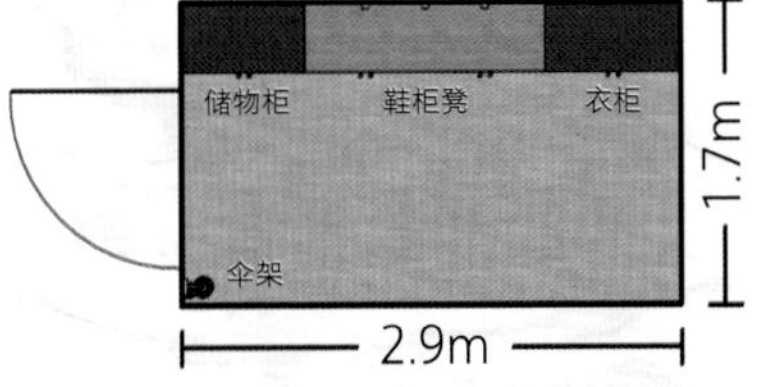

大号玄关的豪华程度已经不取决于宽度（至少 1.6m），而在于长度。一旦拥有 2.5m 以上的玄关长度，便可以非常气派地打造一整面墙的玄关柜。

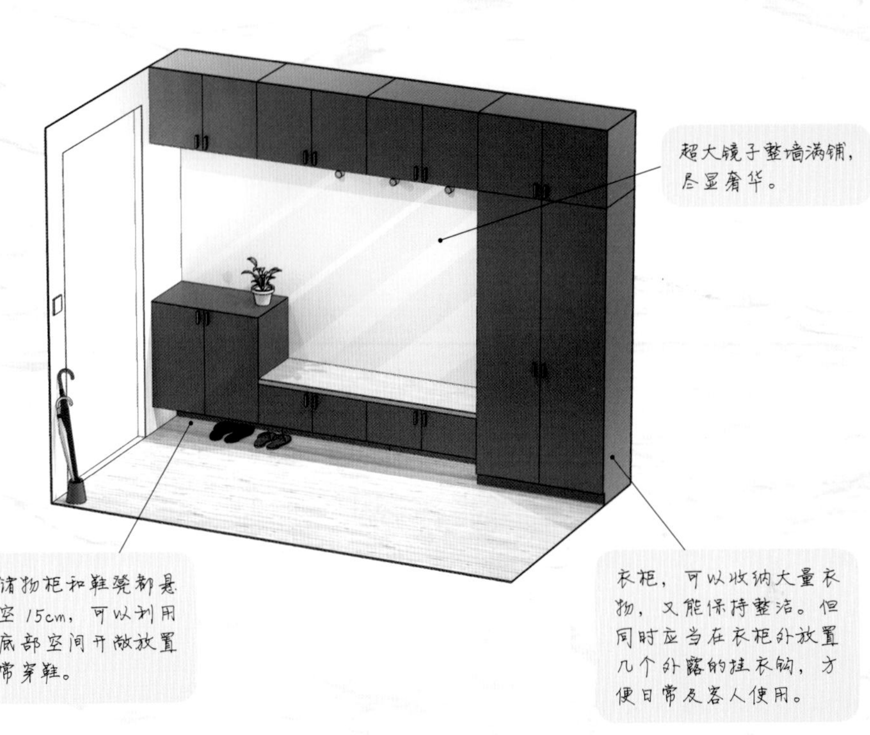

玄关案例

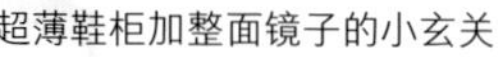

超薄鞋柜加整面镜子的小玄关

美式风格的方形玄关

厨　房　KITCHEN

第 1 步 | 空间布局

厨房是所有房间中最重要，也最需要设计的房间。可家里装修时，很多人会把如此重要的设计工作甩手撇给橱柜厂家，完全不闻不问，图纸下来“看不懂”，也“没感觉”，草率就签字开工。你要知道，将来长期使用厨房，在里面辛劳做饭的可不是橱柜设计师，而是家庭女主人。有的厨房设计师连切菜区域都没考虑就交图，屋主拿到图纸也没看出问题，那么只要一签字同意，厨房的设计就到此结束了，之后所有做饭的困难都将由家庭女主人来承担。如果当初是家里男主人负责的厨房装修，估计每吃一顿饭都要大吵一架，婚姻的幸福美满都可能会因此大打折扣。

其实厨房设计很简单，无非就是知道几个尺寸，摆下几个大件。看完这一章，你就会明白厨房应该怎么设计。到时拿出自己设计的厨房方案，对照橱柜公司的图纸给他们提意见。或许还会惊奇地发现：我比那些“专业设计师”还要专业，考虑得还要周全。

开放式厨房?

每一个想要大动干戈装修厨房的朋友所面临的第一大问题，就是要不要做开放式厨房。有人说:“每每看到西方那种又大又开放的厨房就羡慕得不行!”可又有人说:“中国人炒菜的油烟西式厨房可受不了!”

开放式

封闭式

到底可不可以做开放式厨房呢?下面就来给大家解答这一道重要且首要的难题。你只需要考虑这两点问题:

1. 油烟问题。其实油烟虽然是个问题，但问题并不大，因为只要抽油烟机吸力够强，而且最好是近吸式(类似烧烤店里常见的那种，而不是常见的顶吸式)，并且抽油烟机离烟道近，就能解决油烟问题。

2. 整洁问题。这才是关键的问题所在，毕竟是厨房就会堆满了锅碗瓢盆、柴米油盐以及各种乱七八糟的杂物，如果是封闭式厨房，只要把门一关上就清静了。而开放式厨房，任何一处的凌乱都会被一眼看到。

开放式厨房的优缺点

优点: 1. **开开心心地边聊天边准备饭菜。**厨房终于成为家庭的中心。
2. **夏天做菜可以吹空调。**客厅吹来的凉风让厨房时刻都舒服极了。
3. **拿东西便捷。**随手就能从餐厅、客厅走两步到厨房冰箱拿两听可乐。
4. **空间开阔。**放眼望去一整片的 LDK(起居室、餐厅、厨房)，视野开阔敞亮之极。

缺点: 1. **偶尔会有少许油烟。**如果你是西餐爱好者，那就更不必担心了。
2. **需要保持整洁度。**洁癖和勤快者可以不必担心。

相比那一点点的不便利，开放式厨房的优点真的是非常多，它所带来的正面影响远远超过了缺点所带来的负面影响。

因此，如果你是一个勤快的人，能做到每次炒完菜就做好厨房清洁，另外将厨房用具买得精致、美观一些，那么开放式厨房将非常适合你。

厨房三大件

了解了厨房是要开放式还是封闭式之后，你就可以着手设计自己的厨房了。厨房设计很简单，它只有三件非常关键的东西需要摆放。

我们称之为：厨房三大件。分别是洗碗用的水槽、炒菜用的炉灶以及冰箱。在厨房区域合理摆下它们三个，厨房就已经设计完成了一大半。其中灶和水槽相当简单，把它俩看成两个底面为 90cm×60cm 的方块即可。而冰箱则不一定非要放进厨房里，还可以考虑将冰箱放在离厨房不远的厨房外部，以节约寸土寸金的厨房面积。

灶

不论你家的灶具是台面上的嵌入式灶具加上它上面的抽油烟机，还是独立式的集成灶，都可以把它理解为一个底面为 90cm×60cm 的方盒子。

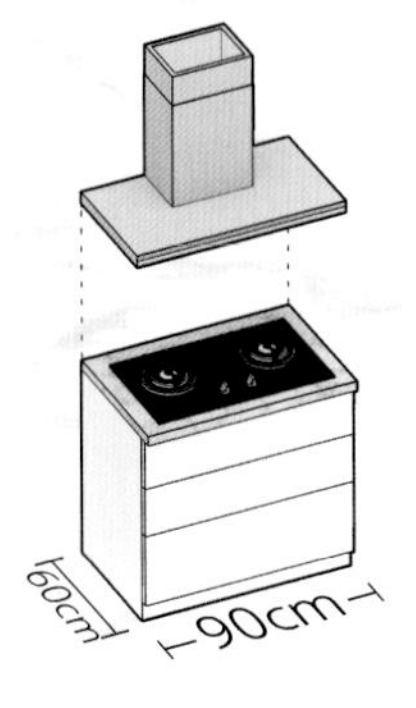

水槽

水槽和灶的尺寸相仿，也可以简单理解为一个底面 90cm×60cm 的方盒子。90cm 是个标准普通尺寸。但如果家里厨房非常局促或者十分宽敞，水槽的宽度是可以变的。单槽最窄可以降到 60cm。而尺寸更大、功能更多的三槽则可以达到 120cm。

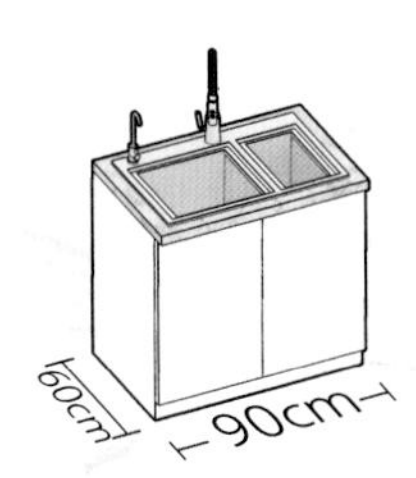

冰箱

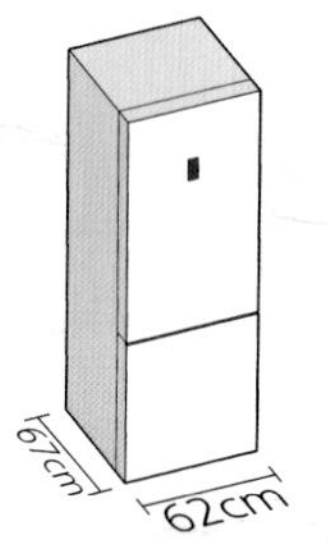

270L 的冰箱尺寸

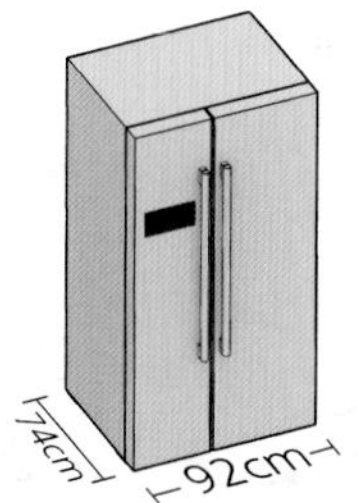

600L 对开门冰箱尺寸

记住灶和水槽都是：底面为 90cm（宽）×60cm（深）的方盒子

第 1 步 | 空间布局

手把手教你摆放厨房三大件

灶、水槽和冰箱这三大件是厨房设计中最优先摆放的，其他一切东西都要为其让步。按照下面七条原则，像摆积木一样把它们三个摆进你的厨房里。

1 水槽靠窗放置，洗菜、洗碗采光好。

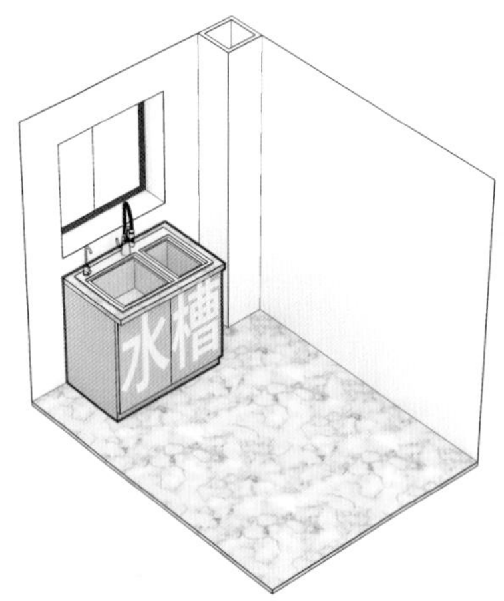

2 水槽旁要有 30cm 距离，用来放置沥干架（晾洗过的盘子和碗）。

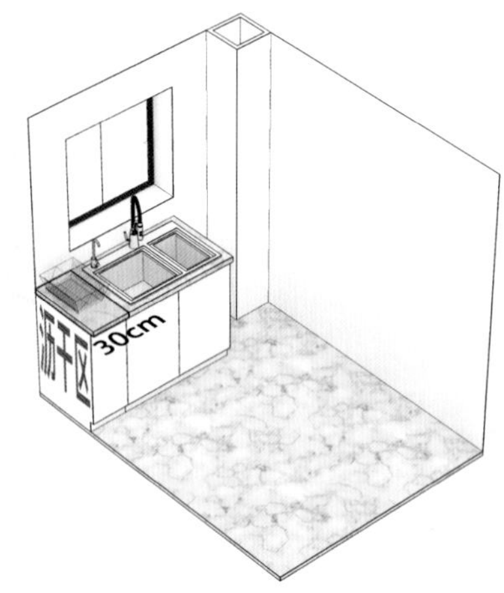

3 灶与水槽之间，要有 70cm ~ 140cm 长度的备菜、切菜台面。

为什么切菜区长度需要小于 140cm？
因为如果太长的话，需要在水槽和灶之间来回跑动距离过大，反而不方便。

4 灶旁离墙或冰箱至少 20cm，用来盛菜。

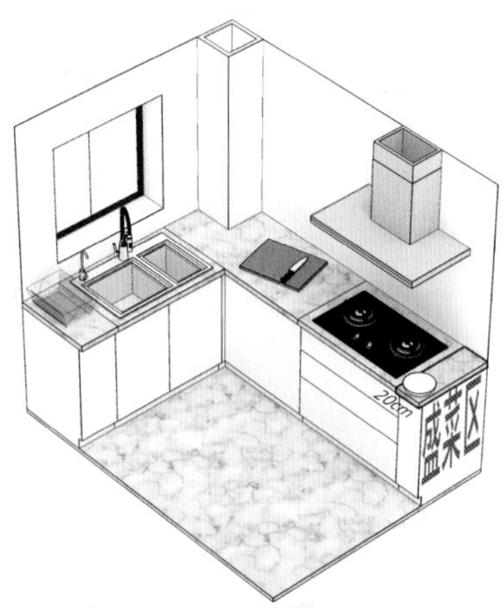

与墙间隔 20cm 不仅方便盛菜、还为大锅炒菜留有余地。油和调味料的瓶瓶罐罐也可放在灶旁这 20cm 上。

❺ 大厨房可以考虑中间做成厨房中岛，惯常做法是：把水槽放在厨房岛上。

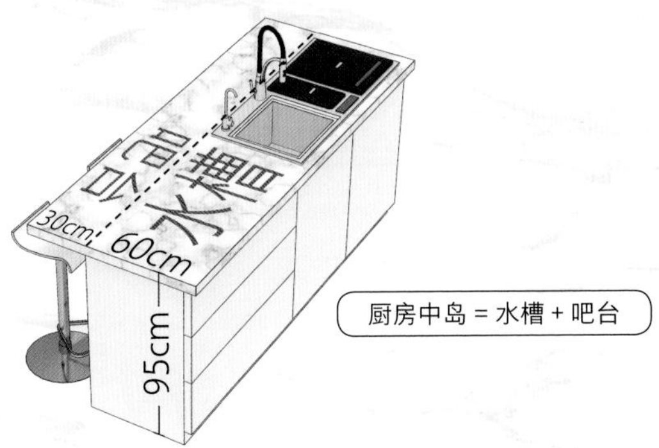

厨房岛台高 95cm：比正常厨房台面高 10cm。高一点的水槽可以洗菜不弯腰。同时 95cm 又刚好是吧台的合适高度。

❻ 别忘了冰箱开门时所需的空间。

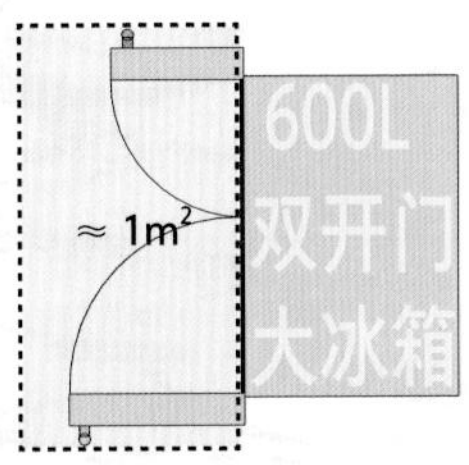

冰箱本身已经是一个巨无霸了，而冰箱面前还要预留 0.5m² ~ 1m² 左右的空间供开冰箱门。所以如果你家是小厨房要争取把冰箱挪出厨房。

❼ 需要记住的几个厨房关键尺寸：

过道宽度：**单排柜≥ 90cm，双排柜≥ 1m。**

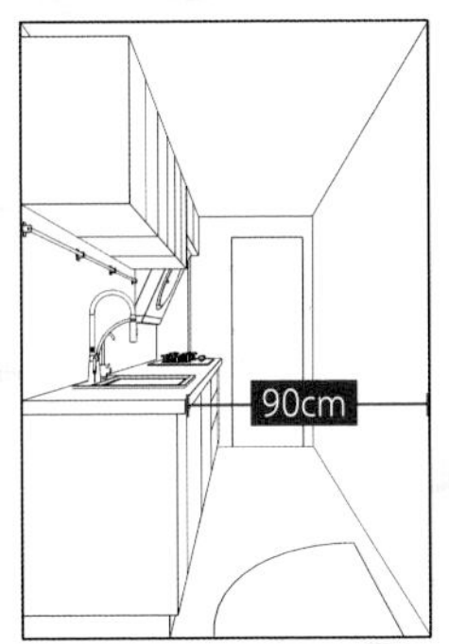

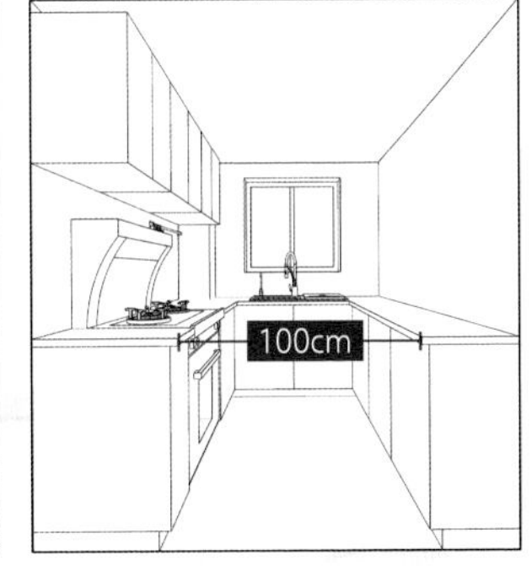

操作台面通常深度是 60cm。但如果厨房太小，为了满足 1m 的过道，也可做成 50cm 等其他特殊尺寸。

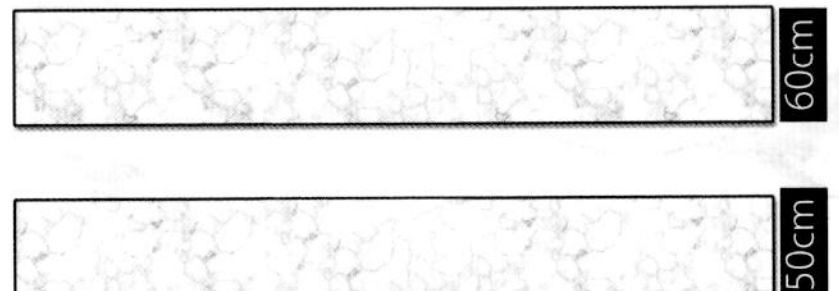

橱柜及挂杆的高度：

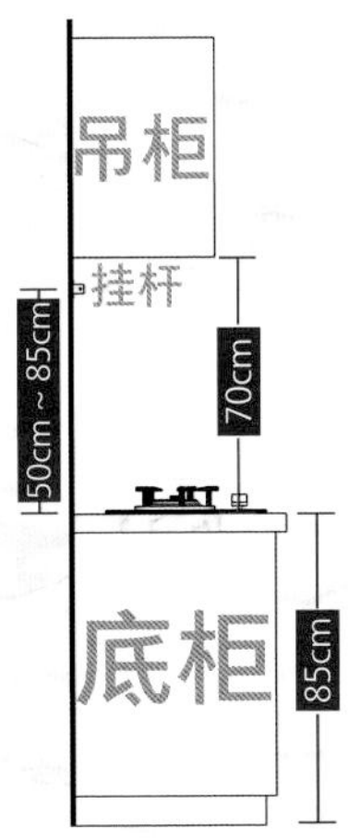

85cm 台面高度是按中国主妇平均身高（160cm）算出的。如有特殊需求，可以根据自己的身高对橱柜厂家进行要求，公式（单位 cm）为：底柜台面高度 = 身高 ÷ 2 + 5。

厨房三种柜

底柜

底柜是最常见的橱柜类型。算上台面，高度一般为 85cm。厨房里可以没有吊柜和高柜，但一定会有底柜。底柜本身又可分为四类：

隔板柜

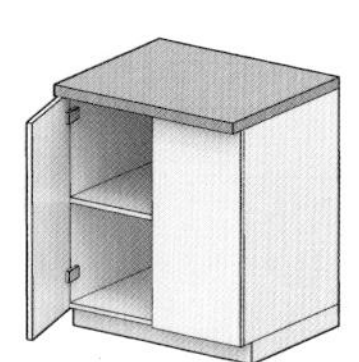

最普通、便宜的橱柜，可以理解为隔板加个柜门就完成了。可通过增加内部配件来增强隔板柜的收纳效果，比如转角旋转储物架。

抽屉柜

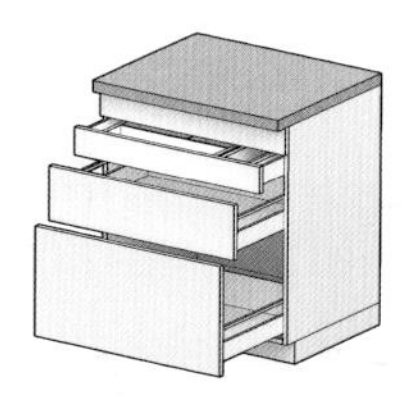

收纳能力强但价格较贵。适用范围广——各种厨房用品都能收纳，并且可以搭配内部配件提升收纳效果，比如盒子收纳件、可调节隔断等。

超窄拉篮

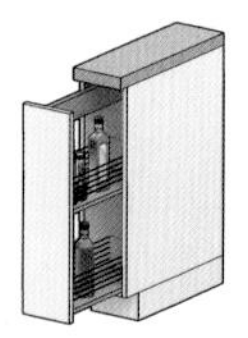

可以理解为抽屉柜的一种变形——超窄抽屉。一般放于灶旁，储存瓶子和高大容器的绝佳选择，比如酱油、醋、料酒。做饭时可轻松拿取。

电器设备柜

烤箱、洗碗机、洗衣机，都可以放到厨房底柜。设备柜就相当于一个没有柜门，只用来放电器的隔板柜。由于少了柜门，柜体价格最便宜。

吊柜

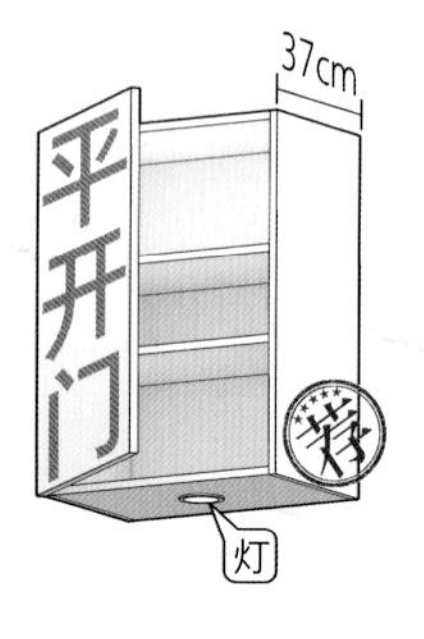

吊柜一般都是 37cm 或 40cm 深的隔板柜。只是在开门方式上有所不同，可分为平开门和上翻门。

推荐的是平开门，简单又方便开启。

不推荐的是上翻门，在实际使用中，踮起脚尖都够不着上层柜门，容易闲置。非要用上翻门的话，建议使用电动折叠上翻门。

吊柜下方要装照明，让台面明亮。具体将在第二步的“照明系统”一节讲到。

高柜

高柜具备强大的收纳能力。可以用来放冰箱、烤箱、微波炉、洗衣机、软水机等大型厨房电器。如果你家有足够的厨房空间，那么放几组高柜，既实用又高端大气上档次。

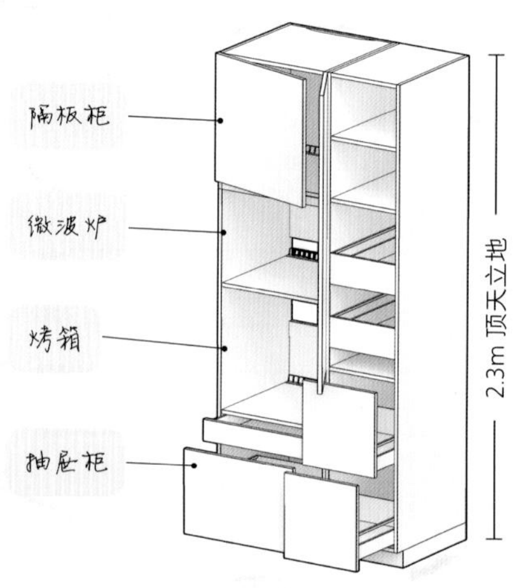

厨房三小件

下面三个厨房物件容易被忽略，却至关重要。我们会每天使用它们，并且需要在厨房里找专门的地方放置它们。建议在装修施工前就考虑好这三小件的摆放，才不会到最后发现没有它们的位置。

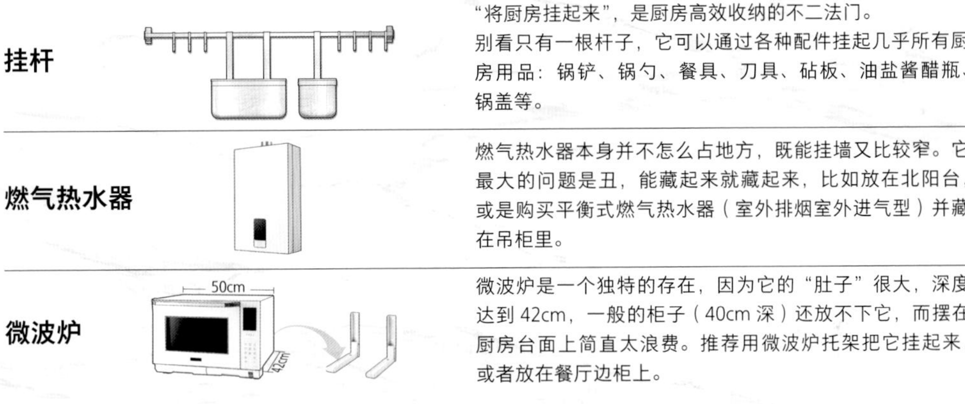

挂杆

“将厨房挂起来”，是厨房高效收纳的不二法门。别看只有一根杆子，它可以通过各种配件挂起几乎所有厨房用品：锅铲、锅勺、餐具、刀具、砧板、油盐酱醋瓶、锅盖等。

燃气热水器

燃气热水器本身并不怎么占地方，既能挂墙又比较窄。它最大的问题是丑，能藏起来就藏起来，比如放在北阳台，或是购买平衡式燃气热水器（室外排烟室外进气型）并藏在吊柜里。

微波炉

微波炉是一个独特的存在，因为它的“肚子”很大，深度达到 42cm，一般的柜子（40cm 深）还放不下它，而摆在厨房台面上简直太浪费。推荐用微波炉托架把它挂起来，或者放在餐厅边柜上。

什么是延米？

找橱柜厂家做整体厨房时，可能听到的第一个高深的名词，就是“延米”。这东西既不是平方米也不是米，难道是把一米延长了吗？

某度百科一下：“延米，即延长米，是用于统计或描述不规则的条状或线状工程的工程计量，如管道长度、边坡长度、挖沟长度等。而延长米并没有统一的标准，不同工程和规格要分别计算才能作为工作量和结算工程款的依据。”

OMG！我的天！这到底是在说什么？

延米这么理解更简单一点：多少延米就指柜子一共有多长。来看下面的例子：

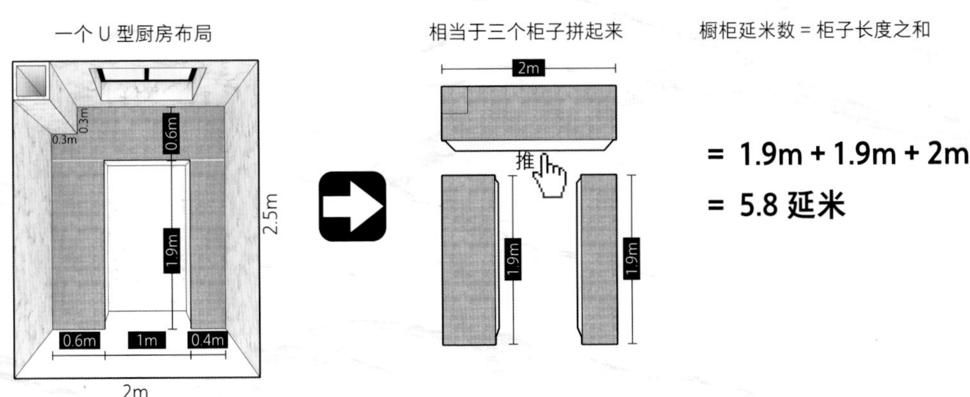

一张图教会你厨房设计

看完前面的厨房三大件、三种柜、三小件，你就已经了解一个厨房所包含的几乎所有重要的零部件，以及它们的摆放原则。现在，通过一个简单的 I 字形厨房实例，把这些零件都摆进厨房，一个完整的厨房就这样设计出来了。

3.75 延米厨房

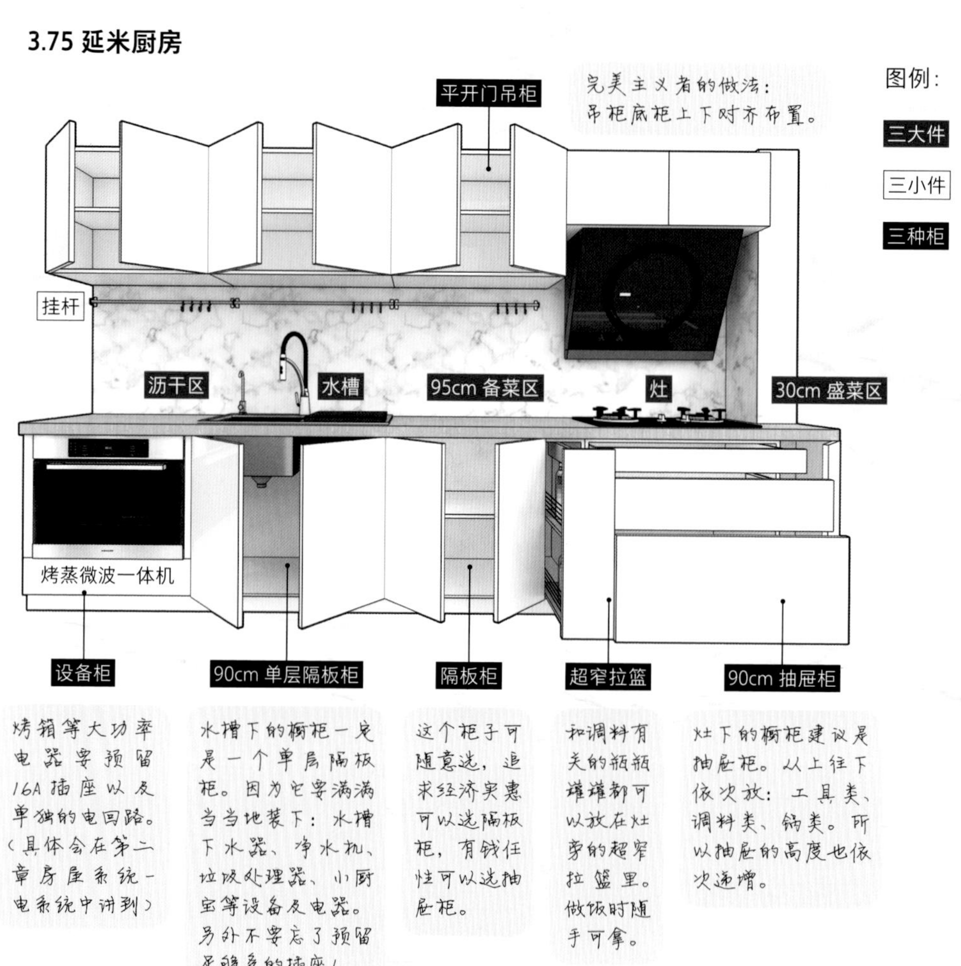

I 形虽然是最简单的厨房类型，但麻雀虽小五脏俱全，该有的功能都有了。其他的厨房形式，无论是 L 形还是 U 形，甚至是带中岛台的大型厨房，设计方法和 I 形区别不大：无非是多几组柜子，多几个电器，仅此而已。

看到这里，厨房设计，你学会了吗？

说不定，你也可以拥有一个豪华大厨房

把厨房面积尽可能扩大，是提升厨房档次的不二法则。作为两大功能性空间之一的厨房（另一处是卫生间），面积可谓寸土寸金。而厨房的面积，也是全屋面积中性价比最高的那个，从别的房间“挖”一点面积到厨房来，是装修时最值得做的事情。

看一看你家厨房四壁有没有一堵轻质隔墙，而且与之一墙之隔的是一个意义不大的房间，比如“小西屋”“小北屋”或者过大的餐厅门厅。如果有，那么恭喜你也可以仿照下面进行改造。

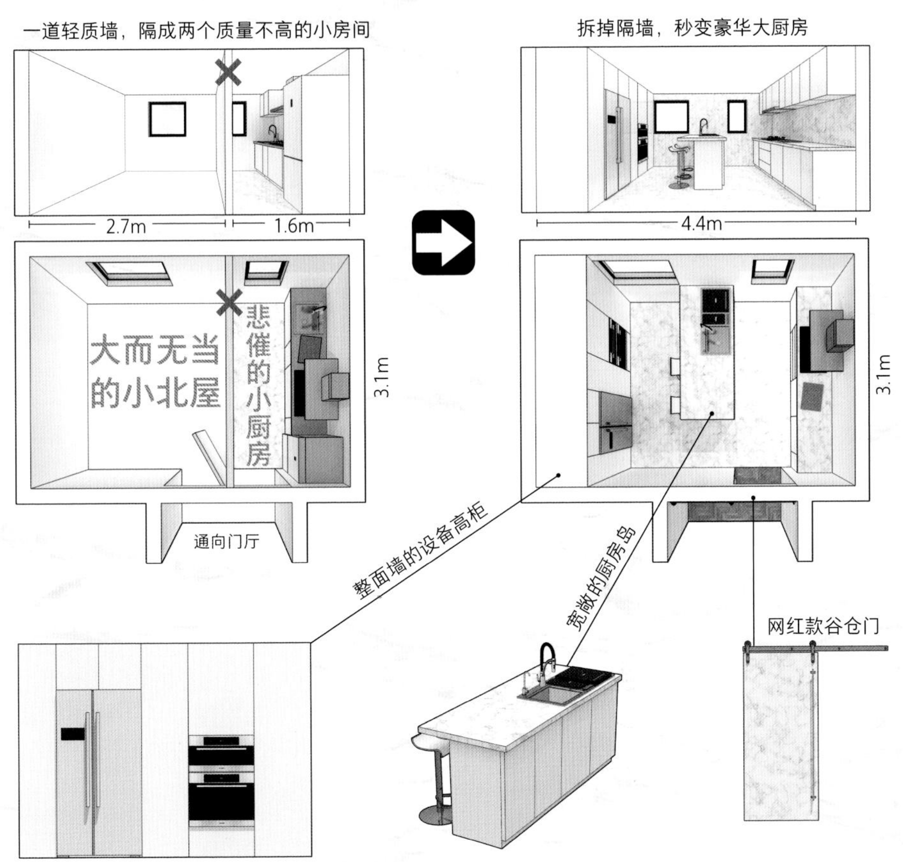

拥有一个豪华大厨房的幸福感，一定比保留一间堆放杂物的储藏室或背阴面的小卧室多得多。早晨起来两个人在吧台上吃早餐，料理和洗碗都极为便捷顺手，空间宽敞又惬意。甚至可能因为有了这个大厨房，本来没兴致做饭的家庭女主人都会开始认真料理烹饪，天天做出美味料理！

橱柜材质选择

台面材质

台面材质有许多种，但其实并没有哪一种是万万买不得的，既然存在于市场上就有它存在的道理。所以选一款你喜欢的质感和颜色即可。

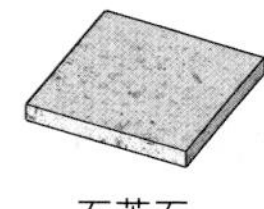
石英石

亚克力

不锈钢

复合板

超薄岩板

柜子饰面材质

烤漆饰面板

橱柜其实就是在选饰面、柜门和把手。这三个的风格造就了整个厨房的风格，个人建议橱柜要平整简约，甚至把手都不要（隐藏式把手）——什么都没有就是最高级的形式。橱柜门板上的复古贴面装饰、顶线、罗马柱等造型只会让厨房变得凌乱小气，还难打理。

饰面可以考虑烤漆材质，亮面光泽，极易打理。而哑光则很有质感。

关于橱柜品牌

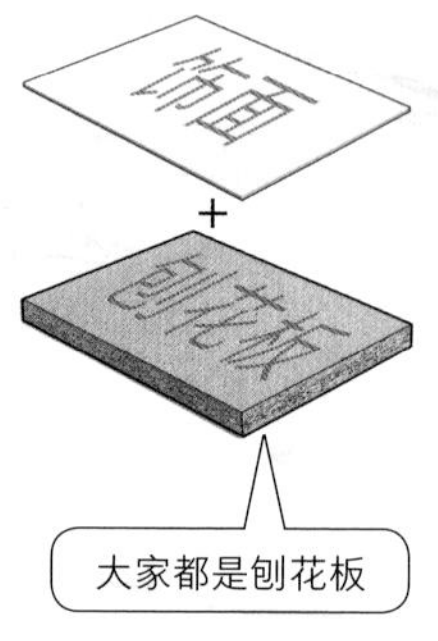

整体橱柜的坑还是比较大的，贵的和便宜的能差三倍，每延米价格从两三千元到上万元的都有。但个人认为，不用盲目图便宜或图大牌，还应按照自己的需求考量。

首先，各品牌材质其实区别不大。橱柜材质都是人造板，而人造板里较为环保的其实就是"臭名昭著"的刨花板。虽然它还有很多好听的名字，比如欧松板（听起来好像是欧洲松树实木的？错了）、实木颗粒板（听起来好像是实木的？又错了）。无论大品牌还是小品牌，它们的橱柜基材都是刨花板。所以，不要看到某某品牌用了刨花板，就觉得它不好。只要不是杂牌橱柜小作坊，刨花板的品质还是有保证的。

其次，各品牌的设计区别也不大。你想要抽屉还是超窄拉篮都能给你做，没有哪家有自己独特而别人家没有的专利。至于好不好用，其实还看房主自己的要求。

第三，各品牌质量区别也不大。没听说过谁家橱柜质量不好，柜子用塌的，有质量差别的恐怕就是五金件了，可大多数厂家普遍用的也都是百隆（BLUM）。另外橱柜这东西确实是有寿命的，依靠两颗螺丝钉在绵软细碎的刨花板上的合页，天长日久总是会掉的，就算是再大的品牌也难免。总之，希望大家擦亮双眼，不要有偏见，选自己真正喜欢、预算之内、靠谱牌子的橱柜产品即可。

提高生活品质的厨房设备

工欲善其事，必先利其器，厨房是家中工作量最大的地方，电器和设备选得好一些，能够大大提升生活品质和家务效率。

1 近吸式抽油烟机

如果是开放式厨房或者喜欢爆炒的朋友，家里装修必须选择吸力强劲的抽油烟机。决定抽油烟机吸力的有两点：1. 抽油烟机离烟道近；2. 抽油烟机离灶近。西式的顶吸式抽油烟机高高在上，离灶最远（约 70cm）。侧吸式或集成灶离灶最近（约 30cm），是抽油烟机中效果最好的，推荐开放式厨房选用。

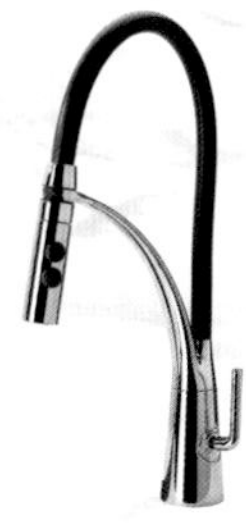

2 抽拉式水槽龙头

厨房水龙头的水嘴可以随意抽拉，覆盖更广的清洁区域，全方位冲刷水槽区及周边边角缝隙的污垢，让你的操作得心应手。以后洗碗后再也不需要用手扒拉水槽里的残渣了。

3 厨房空调

夏天的厨房是家中最热的地方，空调本应是每一个厨房都安装的电器，却不知何故极不普及。在厨房吊顶上嵌入专用的厨房空调（中央空调），定点送风，可以实现吹人不吹灶，让夏日的烹饪不再是一场汗流浃背的战斗。

厨房按大小分类

厨房大小的分类依据，主要看能够放下多少延米的橱柜。1.5m 的厨房净宽意味着抛去 0.9m 的走道只能剩下一排 0.6m 深的台面，于是 3 延米是能摆下厨房三大件的最小厨房尺寸。

当厨房净宽达到 2m，就可以做成 U 字形，于是延米数也大大增加了，此为中号。

大号厨房就是宽度能放下中岛台，连过道都可以拥有两条，甚至还可以实现几组设备高柜的大型厨房。

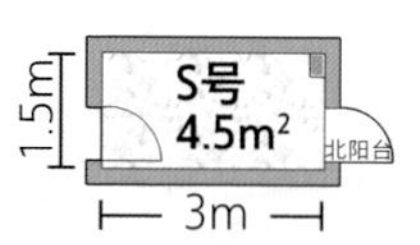

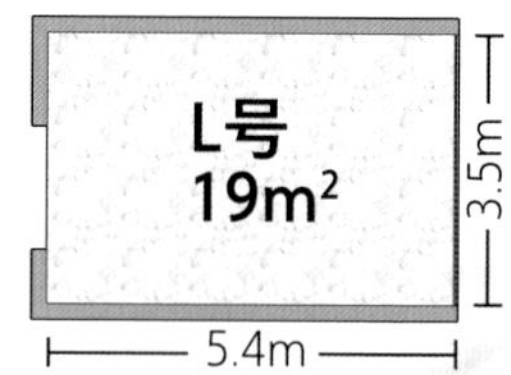

S 号厨房

此 S 号厨房案例是个 I 字形 3 延米厨房，由于要留出去北阳台的走道，台面只能一字摆开。3 延米的小空间里恐怕没法放下三大件之一的冰箱了，建议将冰箱放在离厨房不远的北阳台或餐厅。

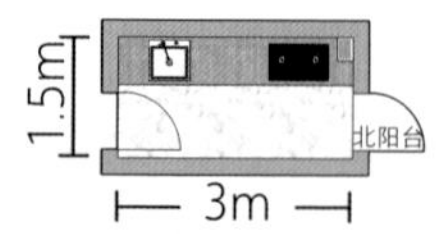

设置通长挂杆（除了灶台上）。厨房用品能挂则挂，解放台面空间。

3 延米的台面划分，一定要将灶和水槽设置在两边，中间是备菜区。3 延米小厨房的水槽建议用单槽，这样能给备菜区留出更多空间。

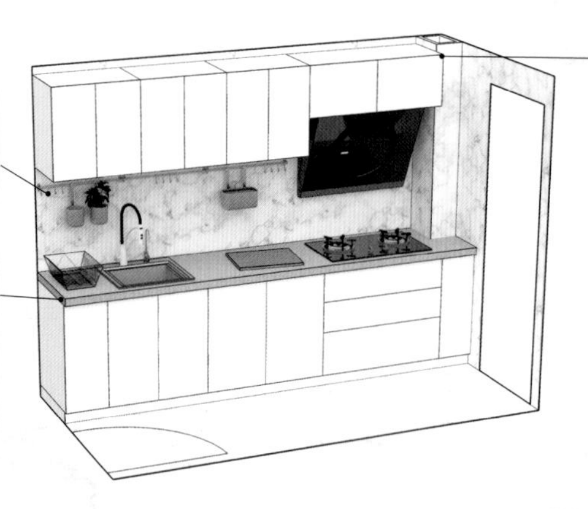

尽可能多的吊柜。小厨房还想有超强收纳，就要最大化利用的吊柜空间。

M 号厨房

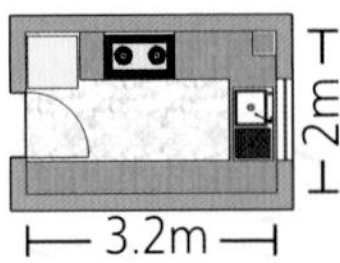

如果厨房净宽度≥2m，那么恭喜你升级到了中号 U 形厨房。

U 形厨房对比小号 I 形厨房：虽然中号 U 形厨房在面积上只增加 42%（$4.5m^2 \sim 6.4m^2$），橱柜延米却增加了 1.5 倍之多（3m ~ 7.4m）。

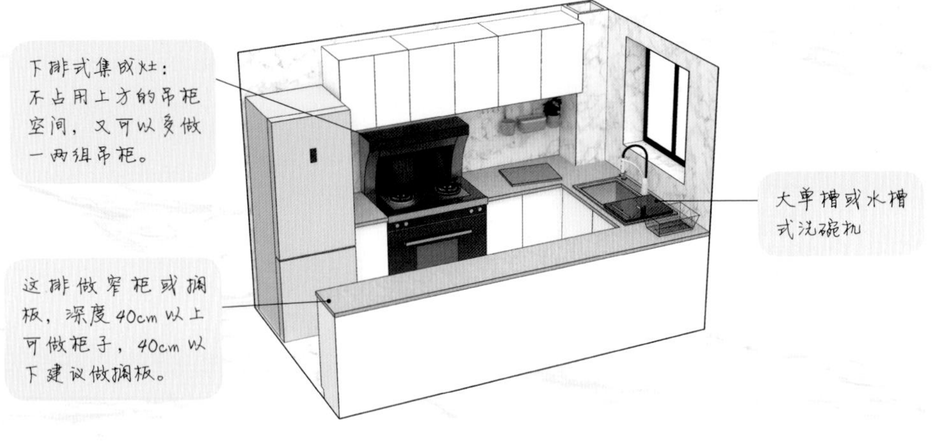

L 号厨房

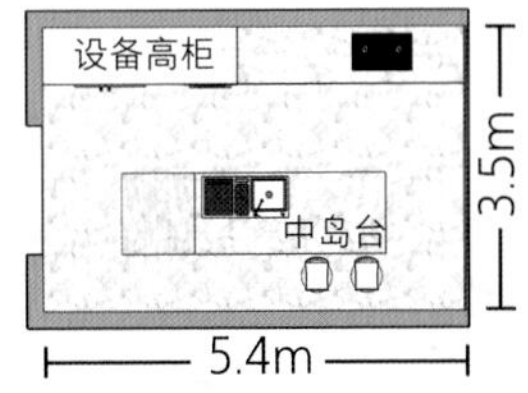

大厨房可以让主妇与家人面对面，边聊天边做菜。每到做饭时，主妇会成为家庭的中心，而不是那个埋头在角落里默默劳作的人。这个大厨房还可用作家庭聚会的场所，三五好友围坐在吧台吃吃喝喝，幸福且别致。

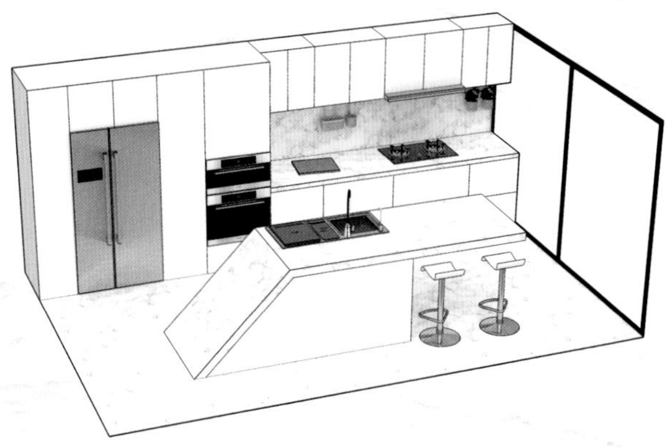

厨房案例

I 字形小厨房

洁白美观的三种橱柜组合

带二人座吧台和厨房空调的小厨房

水槽置于中岛台上的大厨房

带黑色柜体和黑色花岗岩水槽的厨房

厨房刀具怎么选

新家的厨房装修完后，相信每个主人都会蠢蠢欲动，想给家人朋友做一顿丰盛的拿手好菜。要做菜刀具是必不可少的，这里我们就来说说厨房刀具怎么选。

首先不推荐套刀

很多朋友不知买什么刀具，于是直接购置了一个“厨房刀具八件套”，看似什么都有了，但其实真正好用的刀只有一两把，剩下的全都是鸡肋。更别提如果是木质刀架还会很快发霉生腐、藏污纳垢。

用同样的钱，不如买两把精挑细选的好刀。

三种常用厨刀刀型

厨房刀型种类奇多无比，中式有菜刀、尖刀、片鸭刀等，西式有主厨刀、剔骨刀、弯刀、面包刀等，日式又有三德、庖丁、蛸引、出刃等。买的时候不提前了解，现去市场购物恐怕要看得眼花缭乱，我的建议是：如果不是米其林级厨神或者刀具爱好者，那么最多这三把刀即可。

中式菜刀
Chinese

一把面面俱到的万能刀，通常家里只需这一把中式菜刀就能应付绝大多数事情。它还能用来转移食物、拍黄瓜。缺点是过于沉重。

日式三德刀
Santoku

平衡了中式和西式的用刀习惯，重量、大小和弧度介于西式和中式之间，是把全能刀。“三德”的本意即是：三种优点（全能刀）。

西式主厨刀
Kochmesser

中餐几乎不适用，太长、太尖、太薄，主要以切割为主。

厨刀选完，再买一把刨刀、剪刀、水果刀，厨房刀具就齐全了。

刨刀
Peeler

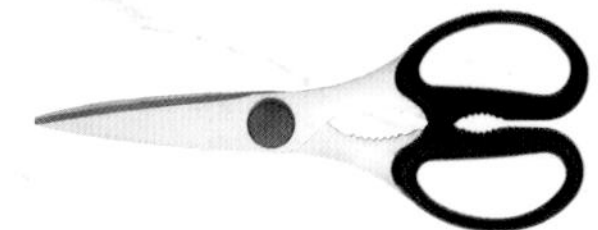

厨房剪
Kitchen Shears

水果削皮刀
Paring Knife

卫生间 BATHROOM

第 1 步 | 空间布局

卫生间也许只占家里不到 5% 的面积，但它的地位跟厨房一样，是整个装修中最重要、最需要花心思的地方。其实客厅卧室怎么设计都差别不大，而厨卫设计好了，整个家就完成了 80%。国内的卫生间面积通常太小，没布局好的话，用起来就会非常别扭，而如果布局得当，又会让人眼前一亮、身心舒适。告诉大家一个诀窍：想看一个人家装修得好不好，只需进到卫生间里看看就知道。

卫生间四大件

厨房有三大件，卫生间则有四个大件需要摆放，布局难度系数更大。它们分别是洗脸池、马桶、淋浴和浴缸。为什么没有洗衣机？在我看来，洗衣机一定要挪出卫生间，否则既占地方又藏污纳垢，可以把洗衣机放在阳台（前提是有洗衣机地漏）、厨房、餐厅或设备间。

四大件之一　洗脸池

洗脸池有大有小、有宽有窄、有单有双，应根据家里卫生间洗脸池区的尺寸选择合适的——不要选过大的占据其他大件的空间，也不要本来地方很大却选了一个小脸池委屈自己。

小型盆

深度 27cm 是小型盆的典型尺寸，如果是小户型，尤其是在洗脸池对面放的是马桶或是淋浴的情况下，小型盆可以让出更多的过道空间，但是洗脸的时候非常容易溅出水来，台面上也没什么空间放太多东西。

一体盆

最普遍的洗脸池台盆，台盆面积比较大，不容易溅出水来。一体成型的瓷面好打理，溅出的水往池里一抹就好了，同时用的玻璃胶也比台上盆要少，不容易滋生霉斑。

台上盆

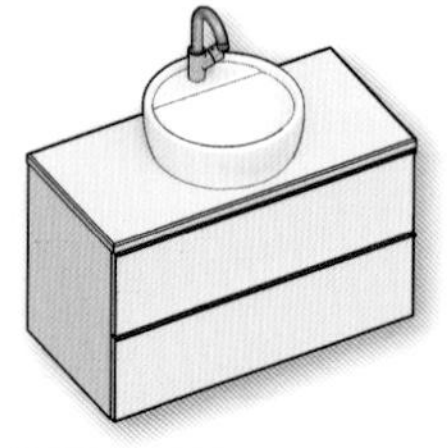

台上盆最大的优点是好看，可选的造型多种多样：有圆的、方的、椭圆形甚至青花瓷和土豪金。然而台盆与台面间隙有卫生死角，较难打理。安装时，间隙处的玻璃胶务必使用防霉 7 年或 10 年的高级玻璃胶，否则日久天长容易发黄变黑。

双台盆

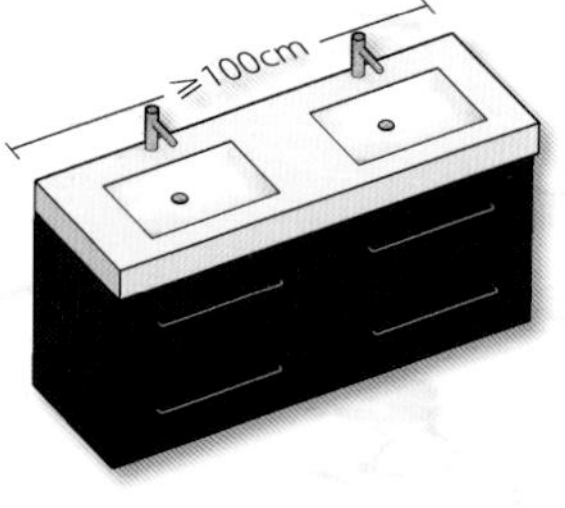

如果卫生间供放置洗脸池的地方很宽敞，宽度大于 1m，那么恭喜你可以考虑升级豪华双盆了。有了双盆洗脸池，就再也不担心会发生家人同一时间起床刷牙洗脸排队等位的情况了。双台盆是提升生活品质和卫生间档次的最佳选择。

四大件之二　马桶

马桶依下水方式，可分为墙排马桶和地排马桶。地排常见坑距（下水中心点与墙的距离）有 305mm 和 400mm 等。而墙排既可以是家里原本就预埋的墙排下水，也可以地排改墙排。

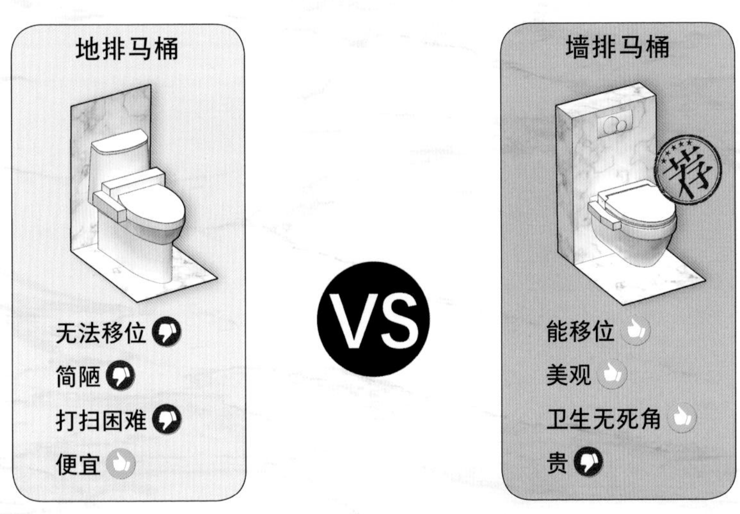

回答几个关于墙排马桶的常见问题：问题 1：墙排马桶很占地方吗？回答：不会，墙排马桶的水箱比地排马桶水箱更薄，砌筑的假墙上还能放东西，其实更省地方。问题 2：墙排马桶容易坏吗？回答：不容易，因为是一体成型的水箱。问题 3：墙排马桶结实吗？回答：能承载 400kg 重量。

地排改墙排的方法

强烈推荐墙排式马桶，因为可以借助这 20cm 的假墙让卫浴设备全部壁挂，创造出极为整体、好看又好用的效果。让大家了解什么叫"一堵假墙拯救整个卫生间"。

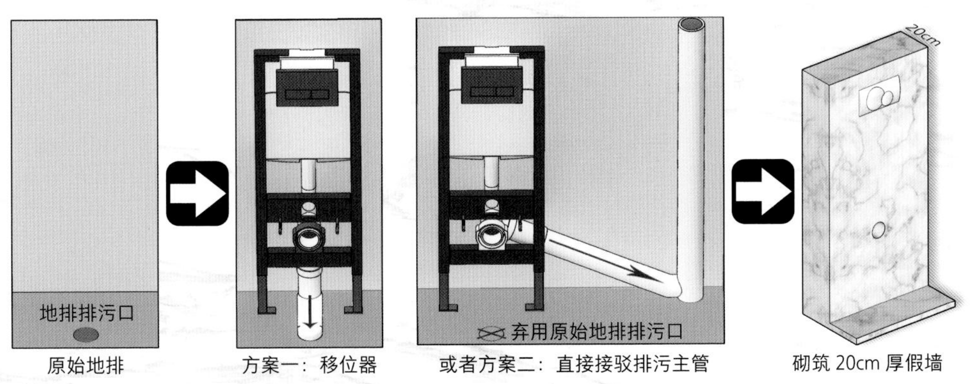

四大件之三　淋浴

淋浴是卫生间最重要的功能之一，回家美美地洗个澡，能冲掉一身的疲惫。淋浴是卫生间中唯一的湿区。所以，想做到干湿分离，只需把淋浴区和其他区域用玻璃屏、隔墙或浴帘隔断即可。

淋浴形式

头顶花洒（莲蓬头）

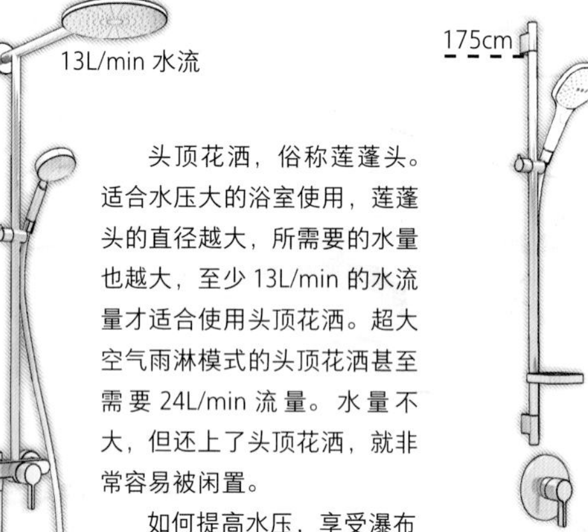

头顶花洒，俗称莲蓬头。适合水压大的浴室使用，莲蓬头的直径越大，所需要的水量也越大，至少 13L/min 的水流量才适合使用头顶花洒。超大空气雨淋模式的头顶花洒甚至需要 24L/min 流量。水量不大，但还上了头顶花洒，就非常容易被闲置。

如何提高水压，享受瀑布式淋浴体验，请参见第二步房屋系统——水系统。

手持花洒

手持花洒，是最普遍的淋浴方式。所需的水流量比头顶花洒小了很多，通常为 9.6L/min，节水型花洒甚至只需要 6.8L/min。但还是水越大淋浴越舒服，可自行将节水阀拔掉。

手持花洒的升降杆可调节范围一般为 60cm，建议将升降头最高高度设置为自己的**身高**即可（别忘了花洒本身还有一定高度）。这样将花洒放在最低位置，还可以实现坐在浴室凳上冲淋搓澡的舒适享受。

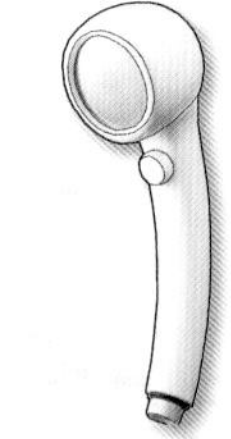

还有一种日本特有的超细花洒。在水压大的情况下可以形成绵密的水雾，非常舒服。

但要注意：这种花洒必须使用软水机，否则极易结垢堵塞。

不推荐淋浴房

除非卫生间实在太小，只能将淋浴区设置在角落里，否则并不建议使用整体式的淋浴房，因为它既失去了淋浴的舒适感又难以打理。

800 × 800mm 淋浴房

干湿分区做法

真正的干湿分区不是通过“淋浴房”这种简单粗暴的方法实现的，而是应当用隔墙、玻璃隔断和门，这些划分空间的工具来达成。

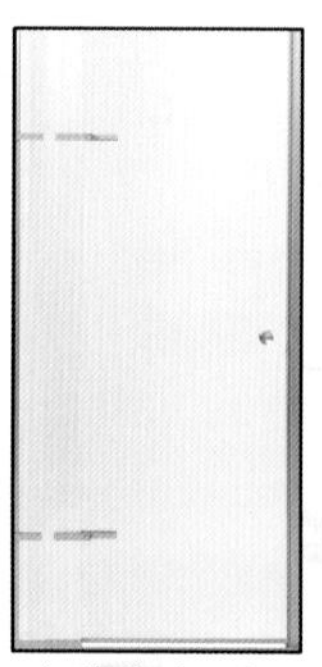

极简玻璃隔断

四大件之四　浴缸

四大件的最后一个是浴缸，泡澡能够带来极为温馨舒适的体验，如果家里空间足够大，非常推荐放一个浴缸进去。浴缸按形式可分为嵌入式和独立式。如果预留的空间刚好塞下一个浴缸，就选嵌入式。若地方够大，浴缸摆在地中间，则可以用独立式的，还能完全展示浴缸的曲线美。

浴缸的形式

嵌入式

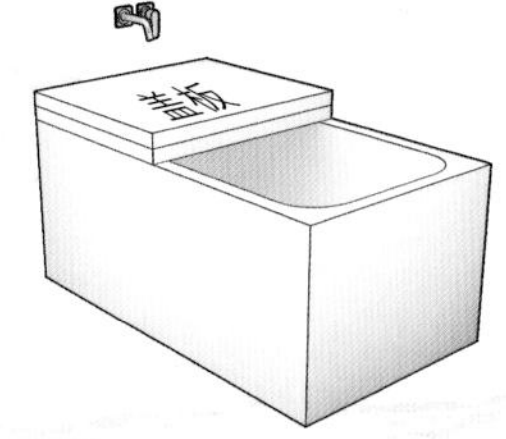

最常见的浴缸形式，通常卫生间多宽（1.5m 左右），就买多长的浴缸，塞进卫生间贴墙即可。轻质塑料盖板可以避免淋浴时水花溅入浴缸，也可用于保持浴缸水温。

独立式

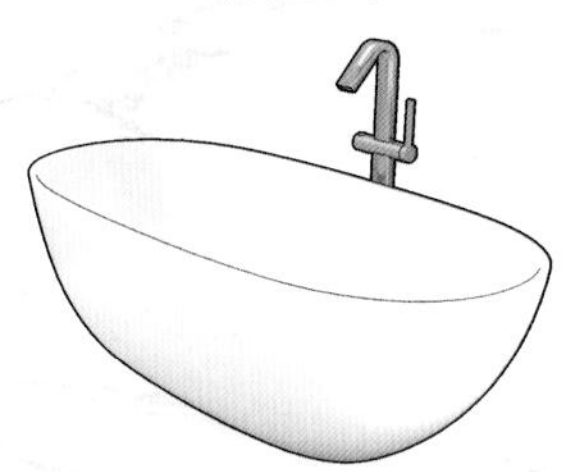

如果卫生间空间够大或单纯喜欢它的样子，则可以选择独立式浴缸。储水量巨大，需要的空间很大，建议大型卫生间选用。

不推荐按摩浴缸

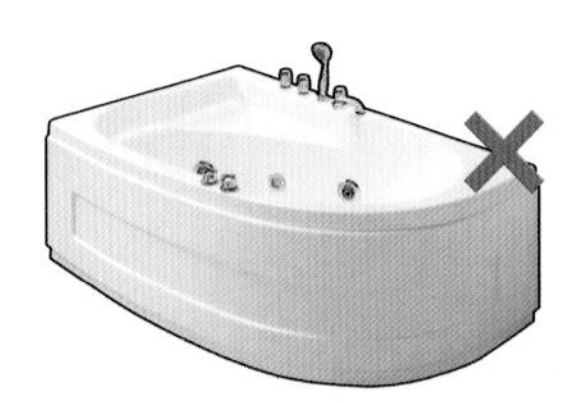

按摩浴缸的新鲜感通常只存在于刚买回来的瞬间。其难打理的特点，让这种浴缸成为注定被抛弃闲置的对象。

浴缸的深度

日式深浴缸

按照浴缸深浅，还可以分为西式浅浴缸和日式深浴缸两种。市场上大多都是以科勒、美标、卡德维为代表的西式浴缸，特点便是长而浅，只能平躺在里面，就算灌满了水也泡不到肩膀。

西式浅浴缸

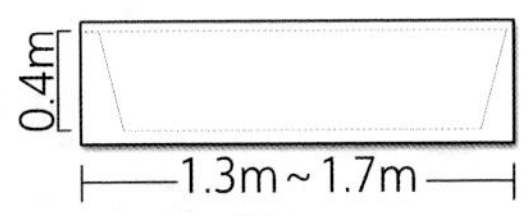

但在我看来，泡澡舒不舒服，并不在于长度，而是取决于深度（最好达到 50cm）。日式浴缸的特点并不是小，而是深。坐在深深的水里泡澡，肩膀浸泡在热水中，只露出头在水面上，这体验简直如同在家里住上高级温泉酒店一样。

独立式浴缸

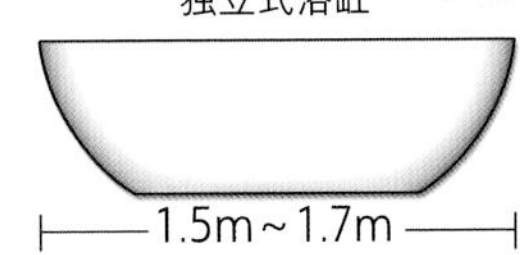

另外浴缸绝不是越大越好，浴缸体积越大需要的水量越多。一个 1.5m 长的浴缸所需水量大约在 280L 左右，家里水流量不大的话，灌满浴缸所需的时间，可能长得令人扫兴。并且电热水器提供不了这么多热水，燃气热水器是浴缸泡澡的必备设施。

浴缸的正确开启方式

提到浴缸，估计不少朋友会说："浴缸用不上。"可既然泡澡是件无比惬意的事情，从古罗马到东方各国都有泡澡的习惯，为什么反而到了当代中国，很多家里的浴缸却闲置了呢？

据我的调查，所有被闲置的浴缸都有一个共同特点，那就是：将浴缸和淋浴合二为一了。

把浴缸放到淋浴的正下面，就相当于将浴缸当成一个大型地漏来使用。每次洗澡头发污垢统统掉进浴缸里，使得浴缸变得肮脏不堪，也很难打理，也就再也没兴致去泡澡了。

正确的浴缸开启方式是——**浴缸和淋浴分离**。

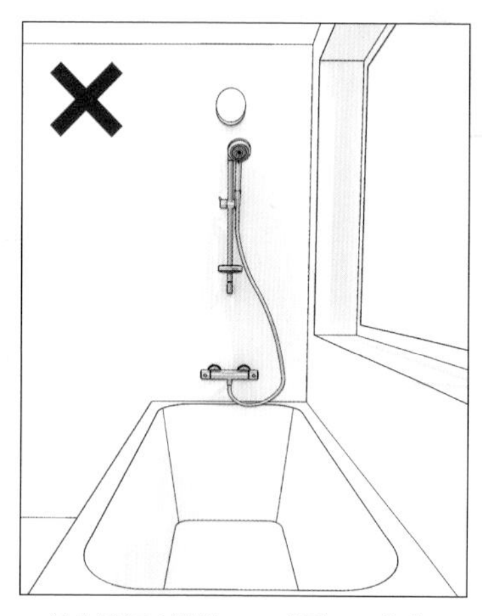

站在浴缸上淋浴，又难受又不安全。

把淋浴挪到浴缸旁边，立刻享受温泉酒店般的泡汤体验！

千万不要为了图省事儿，而生硬地将浴缸塞到淋浴下面。应当在卫生间布局中，仔细安排设计，将浴缸单独找地方安放。比如淋浴区的旁边，这样可以先冲洗干净身体再去旁边的浴缸泡澡，不用时还可将浴缸用塑料盖盖上，让浴缸时刻保持干燥清洁。如果家里卫生间实在太小，实在做不到浴缸和淋浴分离，那么我的建议是，宁可舍弃浴缸，也不要站在浴缸里洗澡。

日本 TOTO 整装浴室的浴缸和淋浴分离式布局

四大件所需的尺寸

知道四大件和它们的尺寸，你就可以开始布局卫生间了。下面是这四大件所需的最小尺寸。注意：所有尺寸都是净尺寸，即瓷砖表面之间的距离（贴完砖每侧墙会比毛坯时增加 3cm 左右）。

洗脸池区

洗脸池最小号台盆宽度通常为 50 ~ 60cm，如果两边是墙壁，则 70cm 是能让人舒适洗脸的最小宽度。

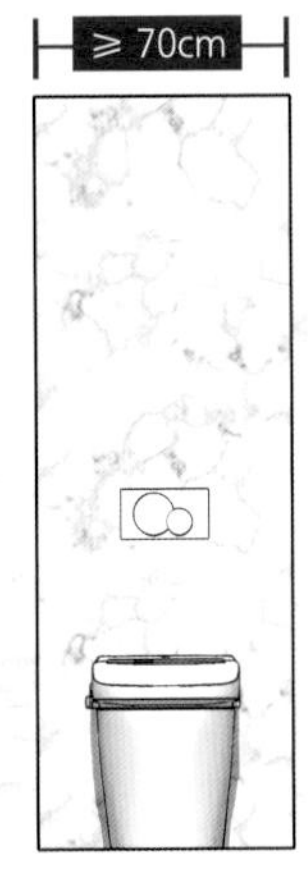

马桶区

至少要给马桶区域留出 70cm 的宽度，尤其是独立马桶间。

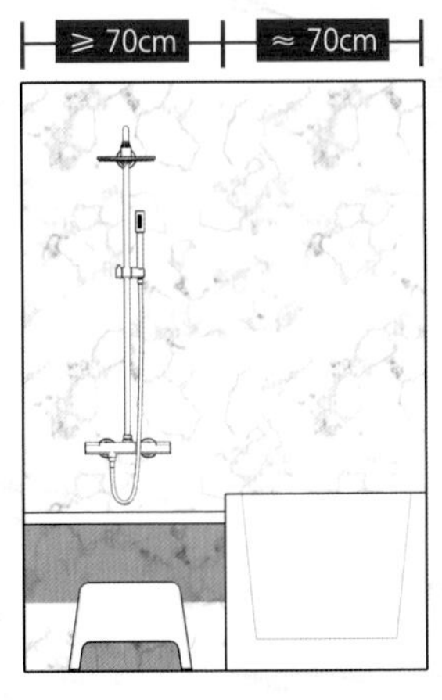

淋浴（旁有浴缸）

当淋浴旁边有浴缸（而不是墙壁）时，淋浴区域的最小宽度为 70cm，因为上部空间较为宽松。市面上的浴缸宽度在 65 ~ 75cm。卫生间只要记住 70 这个神奇的数字。

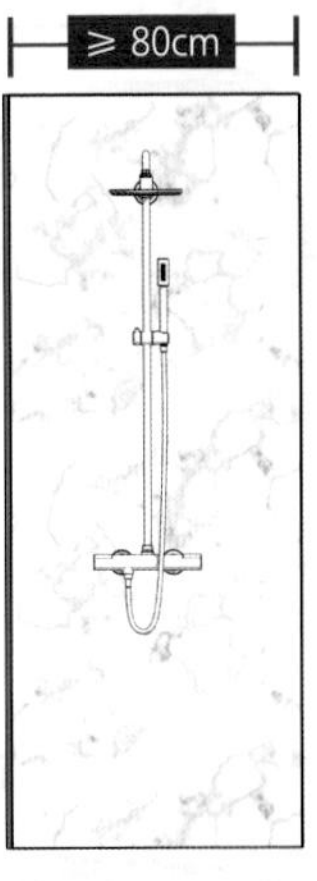

淋浴（临墙）

而当淋浴区域两边临墙（比如玻璃隔断）的情况，那么最小净宽是 80cm，这样才不会洗澡四处碰壁。

记住 70cm，卫生间四大件的净宽都要大于它。

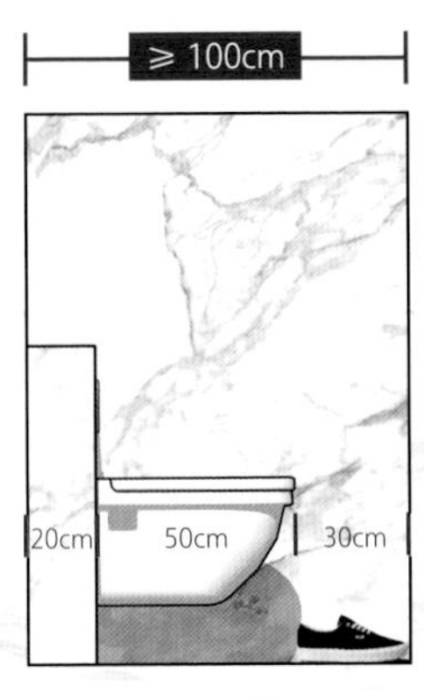

马桶区进深

马桶区的进深（长度）一定要大于 100cm。怎么记呢？你就想象，只要脚能在马桶前方平放，人就可以安稳地坐在马桶上了。所以 20cm 的假墙厚度 + 50cm 的马桶长度 + 30cm 的鞋长 = 100cm。

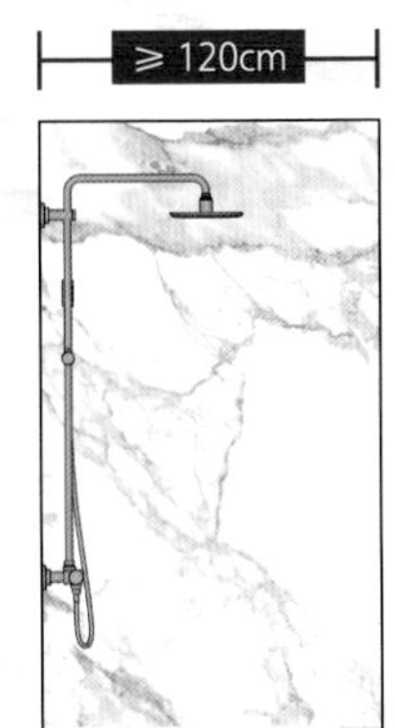

淋浴区进深

淋浴区域（非淋浴房形式）的进深应当大于 1.2m。因为这个尺寸是水花能喷溅到的远端，尤其是当淋浴区的对面是浴室门、洗脸池或者是马桶，一定要确保淋浴区的进深足够大。

别再侵占卫生间地方了

可怜的卫生间只占家里5%的面积，何必要把所有功能统统强加于它？若不是豪华大卫生间，则能不放在卫生间的东西（比如洗衣机、塑料盆、墩布桶、吸尘器），尽量都不要放在卫生间。现在的流行做法是，不仅洗衣机要外移，洗脸池也最好移出卫生间。

墩布桶不放卫生间，它的最佳放置区域应当是家务区（家务区的设计具体请参见“客厅”一节），如果家太小实在没有其他地方放墩布桶，而只能放在卫生间的话，给它留一个水龙头或直接用淋浴龙头即可。不推荐在卫生间里打固定式墩布池，太占地还容易堵。

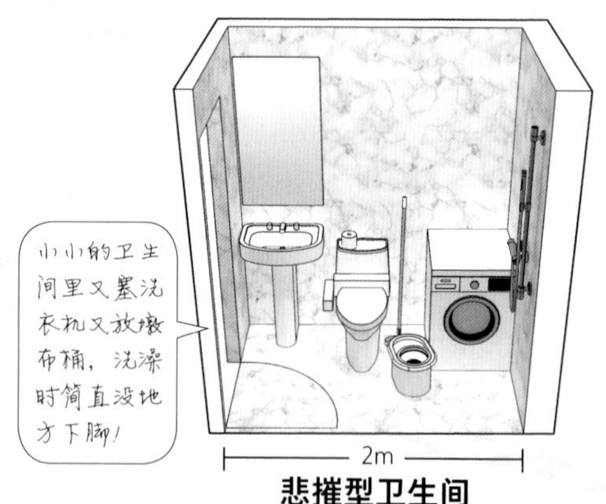

悲摧型卫生间

洗衣机不放卫生间。洗衣机不仅体积大，还需考虑开门和装卸衣服所需的空间，所以尽可能不放卫生间。最好和墩布桶一起，构成完整的家务区（如在阳台）。但如果家里没有独立家务区，或阳台无污水口，别忘了还可以考虑把洗衣机放在厨房里。厨房台面下可以隐蔽地塞下一个洗衣机，同时厨房既有上下水又是家务区，是个放置洗衣机的绝佳选择，西方国家通常这么做。

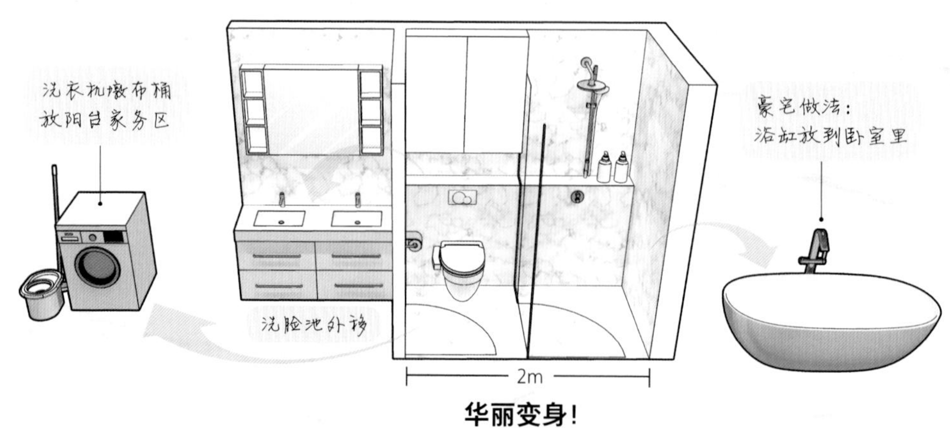

华丽变身！

总之，在布局卫生间的时候，可以将脑洞打开。不一定原本在卫生间的东西非放在卫生间不可，可以根据自己家的实际情况，适当将卫生间功能外放。甚至在装修时挪动轻质隔墙，占用一些其他空间的面积，争取把卫生间做大。

提升卫生间品质的小物件

有一些很好用的小物件可以令卫生间的使用舒适度大大提高。卫生间中水设备自然是必不可少的，而在当今这个电器化、智能化的时代，电设备也会在卫生间中大放异彩。所以卫生间预留插座绝不能少，在后续的章节中我会更加详细地讲解。

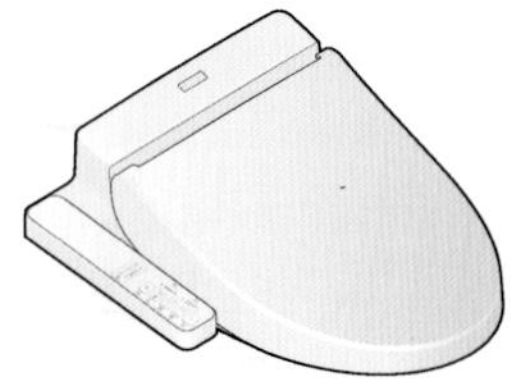

❶ 智能马桶圈

由日本 TOTO 公司发扬光大，又名卫洗丽（Washlet），能冲身体、烘干、除臭、冷天加热马桶圈，甚至还能感应人体，自动开盖、自动冲水，是提升生活品质最大的卫生间物件。

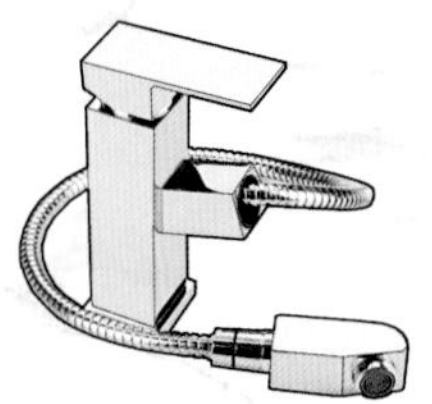

❷ 拉出式水龙头

看似是普通洗脸池龙头，但一到早晨上班前需要洗头发的时候，它就发挥大作用了，用它快速冲洗头发方便极了，还能无死角清洁台面。注意：不是厨房的抽拉式水槽龙头，厨房龙头会过长。

❸ 多合一浴霸

现在不再流行几个“大灯泡”式的浴霸了。最新型的多合一浴霸集供暖、灯光、空气净化、干燥、凉风、排风于一体，功能全面且颜值爆棚。它的遥控器可以贴在卫生间墙上。

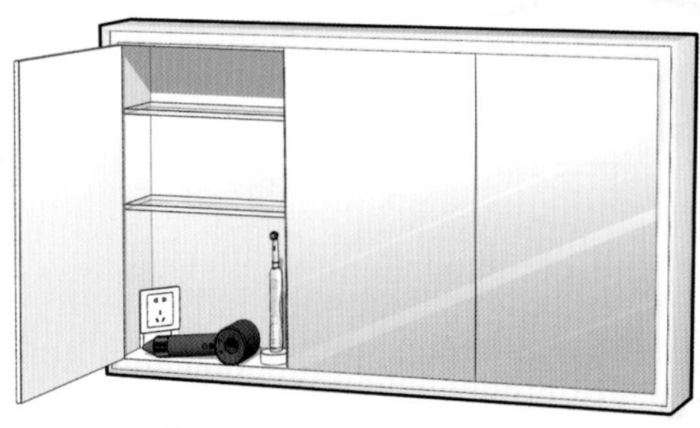

❹ 带插座和照明的镜柜

如同专业化妆镜一般四周嵌入 LED 灯条的镜柜，让人站在镜子前化妆时，脸不再成为阴影面。柜里还应当设有内置插座，方便电动刮胡刀、洁面仪、电动牙刷、吹风机等电器的充电及使用，不会让乱糟糟的电线占据台面。

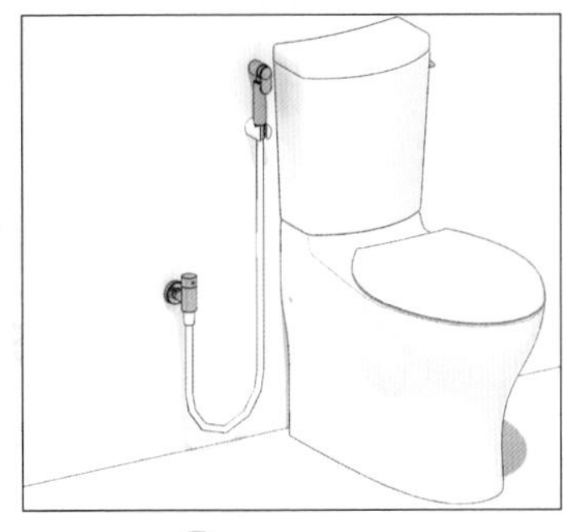

❺ 马桶喷枪

挂在马桶旁边，既能方便冲洗马桶，连边角缝隙都能冲干净，又能方便冲刷卫生间的地面和墙角。安装时只需在马桶水箱上水口处加装一个三通即可。

一堵假墙拯救整个卫生间

卫生间设计绝不是简单地把随机购买的几大件摆进去就大功告成了，而应该是整体设计，统一购置。这时就要用到前面提过的化腐朽为神奇的假墙了。通过这堵假墙，你也可以拥有一个颜值爆棚又超级好用的卫生间！

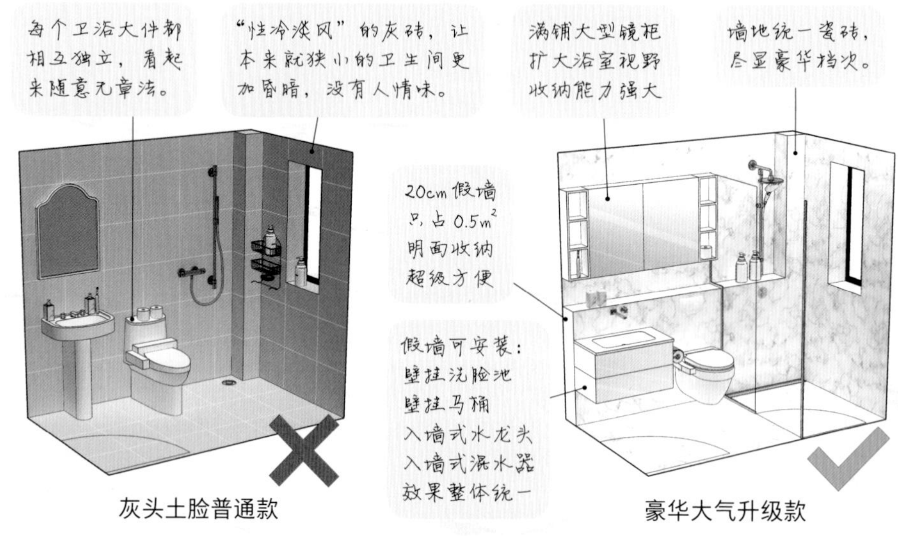

浴室设计不要忘了这件事

有两件事，在考虑卫生间布局时总会忽略，一件是洗澡时衣服放哪里，另一件是上厕所时手机放哪里。

第一件：洗澡时衣服放哪里？这是装修卫生间时最容易忽略的问题，同时也是每天洗澡都回避不开的一件事。常见到一些朋友把卫生间装修得豪华气派，可一洗澡却发现只能把衣服脱在马桶盖上。解决方案可以是一个不在淋浴区的台面（浴室凳、搁物架甚至是洗衣机），也可以是卫生间门上或墙上的一排钩子。

第二件：上厕所刷手机是常态，所以要有一个随手放手机的地方。另外厕纸、卫生巾也应有方便拿取的台面或抽屉柜子放置。解决方案可以是马桶边的小台子，或者是马桶边放一把多功能浴室凳，另外壁挂马桶后面的矮墙上方，可以安装一组浅吊柜，里面收纳卷纸、玻璃水等卫生间用品。

卫生间按大小分类

通过这一页，你可以对照一下自己家的卫生间属于哪一个尺寸类型。
卫生间大小主要取决于长度，长度越长，可以容纳的卫生间设施件数就越多。

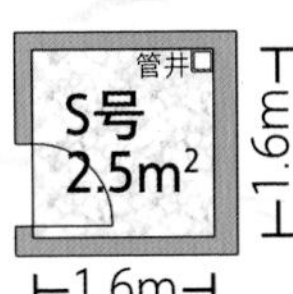

小号卫生间长度仅为 1.6m，所以当洗脸池和马桶塞下之后，淋浴通常也就只有角落可以放置了。

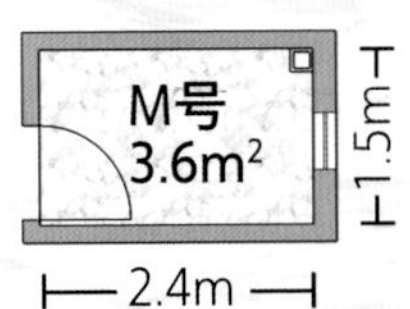

中号卫生间 2.4m 的长度足以摆下卫生间四大件中的前三个，而浴缸通常就只能忍痛割爱了。

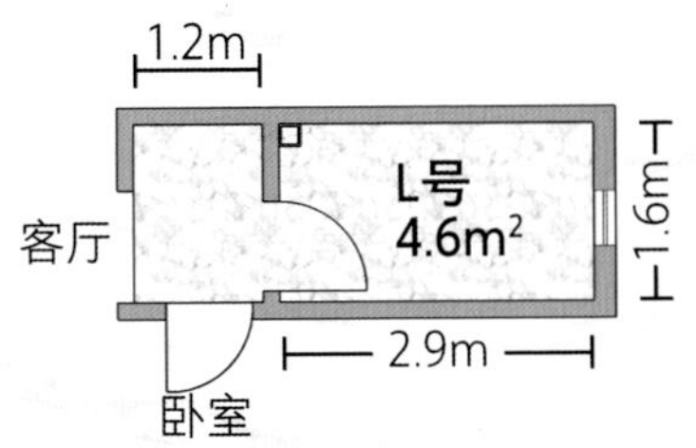

大号卫生间总长 4m 左右，四大件全部可以放下。左图是国内户型中常见的洗手池在卧室旁边的类型。

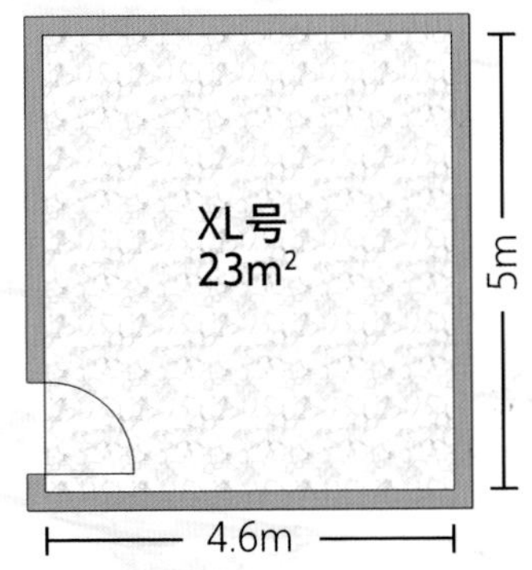

$20m^2$ 以上的超大号卫生间通常都是在别墅或大平层户型中改造出来的。在这个超大卫生间中，你可以尽情发挥想象力：化妆台、沙发、落地灯甚至电视和音响，都可以放进卫生间里。

S 号卫生间

小号卫生间虽小，但一样可以五脏俱全：该有的收纳一样可以有，该上档次的材料一样可以上档次。卫生间小只小在了面积上，最终品质是高端还是低档，完全取决于房主对自己家的定位。

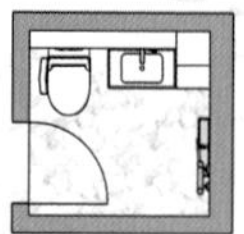

整面墙的镜柜。超强的收纳能力、整体的墙面效果，还能在视觉上把面积放大N倍。

20cm假墙几乎适用于任何卫生间，甚至能让2.5m²的小号卫生间变成豪华升级款。万万不要觉得卫生间太小，就放弃设计了。

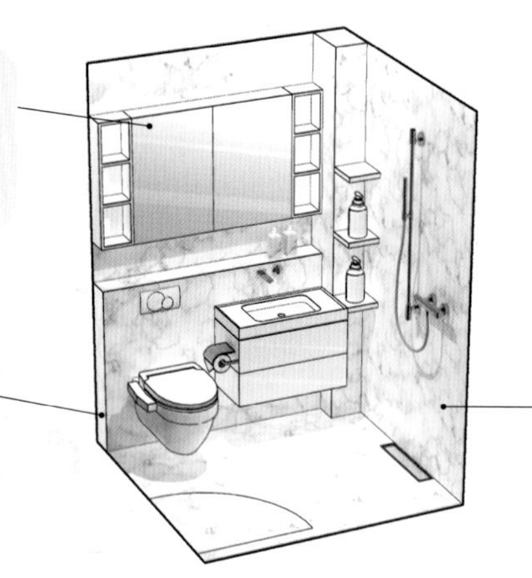

小卫生间更要用大气统一的材料，而不要用小造型、小变化、小雕花、小图案以及小砖，这些小手法只会越做越小气。

M 号卫生间

右图便是中号卫生间的最低标准了，就算你家的卫生间长度比 2.4m 要长，但如果放不进一个浴缸（四大件只能摆三个），也都统称为中号卫生间。国内住宅楼里的卫生间大多都长成这个样子。

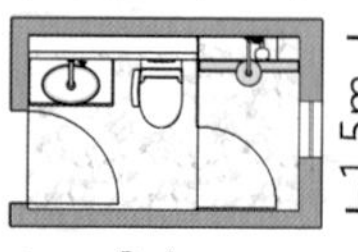

干湿分区，是中号与小号卫生间的最大区别。如果是玻璃隔断，建议水系统要好好做，如果装了软水机，玻璃上便不会留水渍。

假墙+壁挂式马桶的设计并不会多浪费空间。因为隐藏式水箱的厚度实际上比地排式马桶水箱还要薄很多。更何况将原本没用处的马桶后排空间利用成为置物平台，其效果是让卫生间变得更大。

另外隔断还可考虑玻璃砖，效果也很不错！

L 号卫生间

右图是一个卧室旁的卫生间，外面有个 $2m^2$ 左右的过道。但如果你家卫生间本身长度就达到了大约 4m，那么自然也属于大型卫生间。

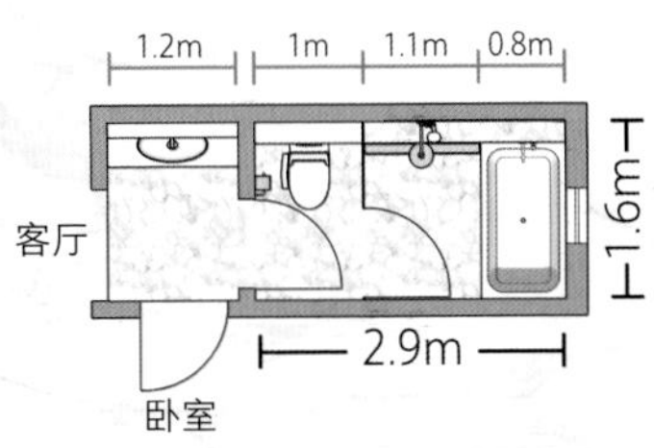

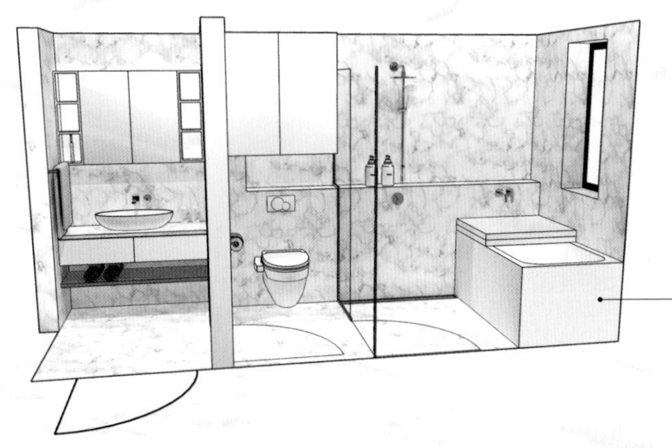

独立的洗脸池、独立的马桶区，然后是独立、私密而又温馨的淋浴和浴缸区。
卫生间四大件有序地排布在长度为4m的空间内，有明确的干湿分区，也有明确的开放与私密。

XL 号卫生间

超大号 $23m^2$ 卫生间，拥有豪宅的朋友看过来。超大空间的卫生间四大件摆放思路，已经不是靠着墙溜着边放了，而是**居中摆放**。大空间另一思路是把家具**做大做整**，在这个案例中洗脸化妆台面做成整墙长度。

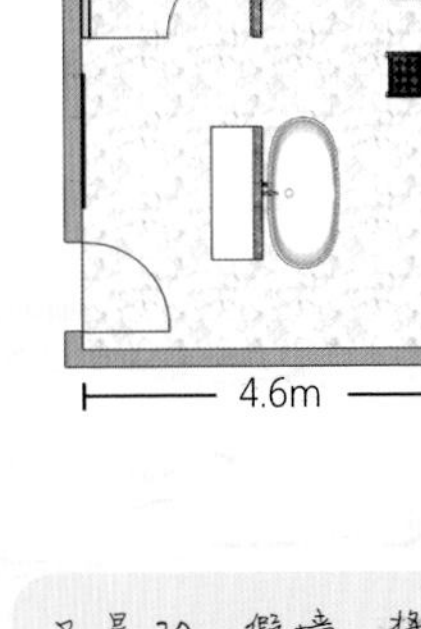

又是20cm假墙，将整个空间分隔成为两个$10m^2$，就不会让空间显得大而无当了。

5m通长的洗脸池和化妆台面，效果气派又统一。

卫生间案例

简约的无框玻璃隔断和壁挂式洗脸池

L 号卫生间的实景

“一堵假墙拯救一个卫生间”

通长一体的豪华洗脸池柜和化妆台

四大件均能摆下的 8m² 方形卫生间

卫生间里的小电器

传统概念里卫生间是一个以水为主的房间，几乎用不到什么电器，而现在卫生间里的用电设备越来越多。若干年前也许只需要一个插座供吹风机使用，而如今几乎已经没有什么个人护理用具是不带电的了。电动牙刷要用电，水牙线要用电，洁面仪也要用电，卷发棒、吹风机还要用电。市面上还一直在推出各种各样的新型卫浴电器：蒸脸仪、剃须刀、脱毛机等，每逢购物节，这些卫生间小电器就被一台一台摆进了家里。

所以，卫生间洗脸池周边的插座绝不能少，并且可以考虑将插座预埋于洗脸池柜以及镜柜内。卫生间插座怎么布置，详见第二步（房屋系统）中电系统一节。另外，卫生间中也要有足够的柜子来收纳这些设备和电器，比如洗脸池柜、镜柜、吊柜，或者是落地的浴室高柜。

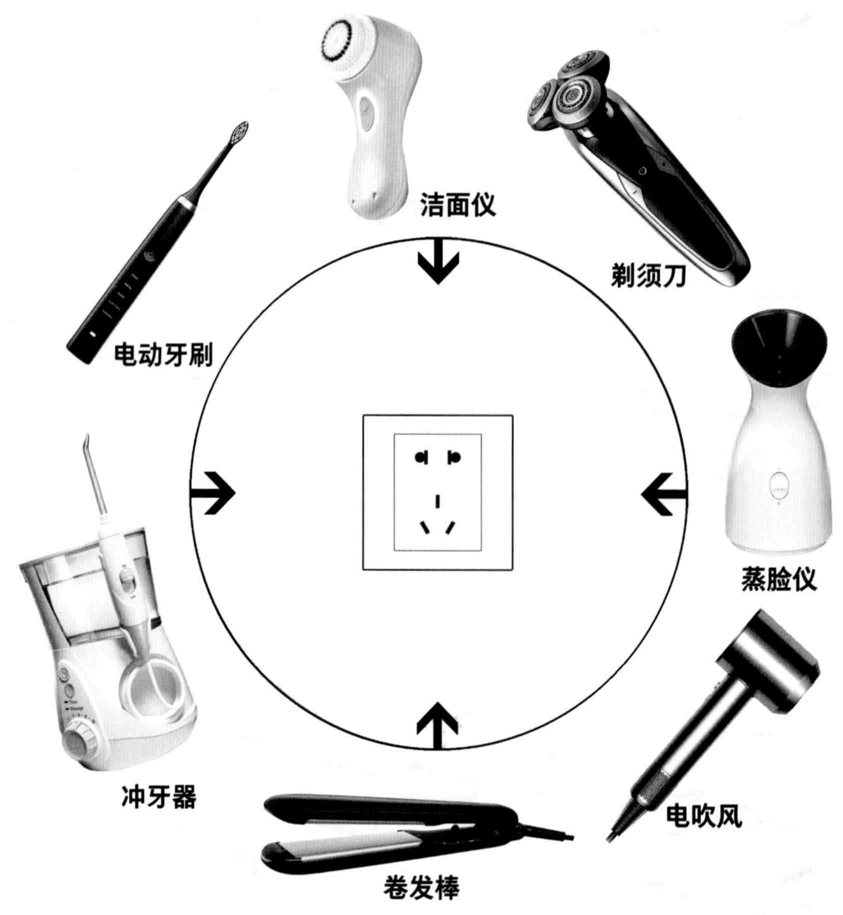

卫生间防臭

无论卫生间做得多漂亮、多高档，只要一返臭味，一切都白搭，卫生间的装修就算以失败告终。

你一定不想落入被主卧卫生间的臭味熏得只能跑到客厅沙发睡觉的窘境。装修时如果不注意防臭，将来卫生间后患无穷。可能返味的两种位置：

第一种是**下水口**。包括所有明面上能看到的地漏，和明面上看不到的下水管，比如洗脸池、马桶和浴缸下水（不要忘记浴缸和洗脸池的溢水口也都是直通下水口的）。

第二种是**排风扇**。在大风天时，通风管道里的污浊气味也可能会在强大的风力作用之下逆流到家里。

一张表总结卫生间防臭

位置	防臭措施
淋浴	**防臭地漏** 平时自动密封，只有水的重力才会让地漏底部的密封阀开启。地漏是卫生间防臭最重要的装置，装修时万万不可省这里的钱。
洗衣机	**防臭地漏 + 防溢水盖** 务必让洗衣机排水管使用独立的地漏，而不要与淋浴共用。加装溢水盖可以有效防止泡沫外溢，如有两台洗衣机，还可在防溢水盖上再加装三通。
洗脸池	**防臭弯管 + 密封圈** 洗脸池下水用软管制造一个回水弯即可防臭，另外不要忘了用硅胶密封圈将下水管塞紧在下水口上。
浴缸	**防臭排水管 + 密封圈** 浴缸恐怕是最容易忽略的防臭环节，浴缸安装好后又难以检修，所以务必提前做好防臭措施。和洗脸池一样，用带回水弯的防臭排水管和硅胶密封圈固定。
马桶	**防臭法兰密封圈** 马桶本体通常自带回水弯可以防臭，唯一需要在装修时注意的是：安装环节务必要把马桶用法兰密封圈固定好。马桶安装时若没对好位，返味和渗水的问题将会很严重。
排风扇	**风扇排风管加装止逆阀** 将密封性好、有橡胶圈的防逆流阀安装在烟道管井的墙壁上，打好玻璃胶，并用铁箍将止逆阀和风管连接紧密。

餐　厅　DINING ROOM

第 1 步 | 空间布局

餐厅设计，绝不仅仅是摆一个餐桌就能搞定的。

对待餐厅的设计要投入感情和心力，因为——

它，是家人每日团聚的中心；

它，是朋友来往见面的地方；

它，还是收纳物品的重要场所。

餐厅收纳

餐厅是一个很容易被人忽略的房间，人们往往把它想得过于简单了。许多朋友在装修时用心布置客厅和卧室，对餐厅却敷衍了事，以为摆一个餐桌就算完成任务，其实这还远远不够。

餐厅绝不仅仅是用来就餐，还需要收纳许多与就餐相关的物品：吃饭时需要使用餐巾纸，手机充电需要充电线，看电视需要遥控器，喜欢做咖啡的朋友要摆上一台意式浓缩咖啡机和几盒胶囊咖啡，喜欢喝茶的朋友需要茶叶、茶具、电热水壶，注重健康保养的朋友餐前饭后可能还要服用各类药品和营养保健品。厨房空间较小的家，或许连微波炉、电饭煲都要挪进餐厅。

餐厅需要收纳的东西，说不定比客厅还要多！

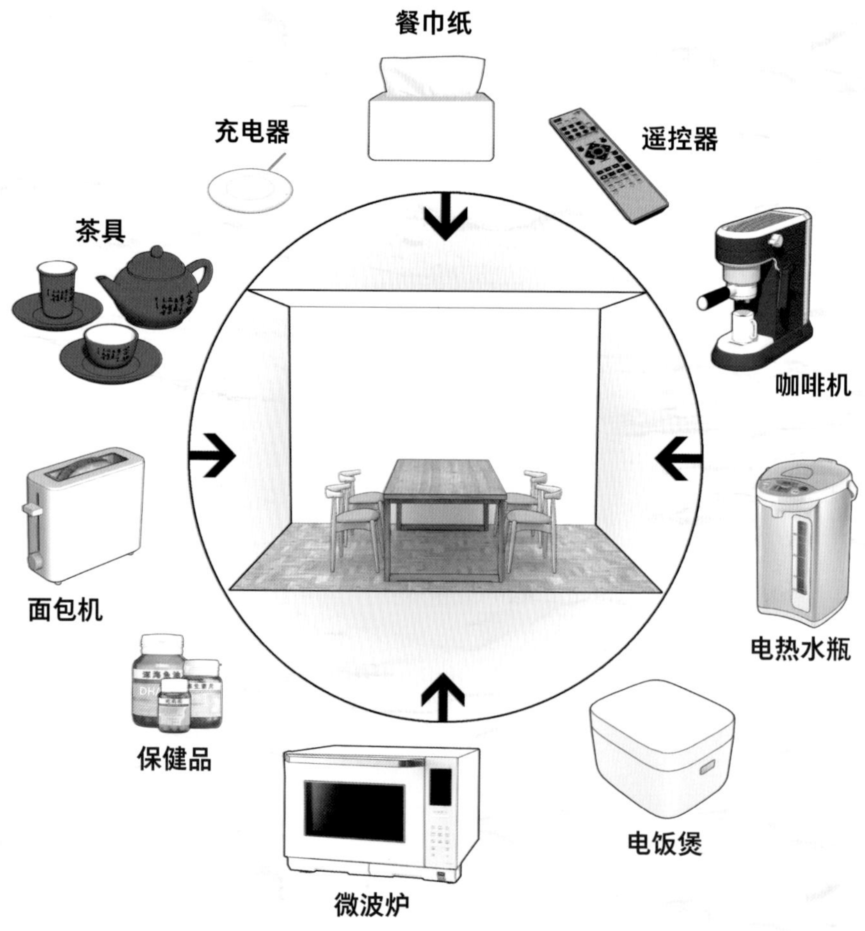

正确的餐厅

要解决餐厅的收纳问题，单单摆上一桌四椅是不够的，那样只会让餐桌上摆满各种各样的杂物，使得偌大一个餐桌却没剩多少桌面能够用来吃饭。另外，不是餐厅里有边柜就可以搞定收纳。因为餐厅里的东西大多是需要随手取用的。如果边柜距离餐桌太远，依然解决不了问题。最好的形式，是在餐桌旁边放置收纳用餐厅边柜，方便实用。

正确的餐厅形式 =

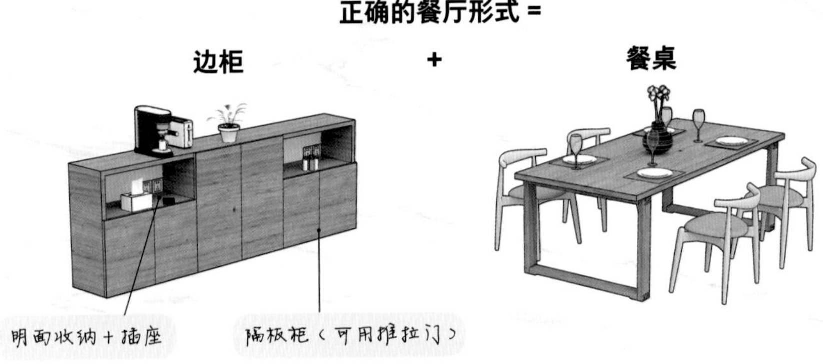

餐厅按大小分类

闲话少说，请直接看图，看看你家餐厅属于哪种。

最小的 S 号餐厅面积大概是 $2m^2$ 左右，小号餐厅的特点便是至少两面临墙，极大限制了椅子和桌子的可活动范围。布置餐厅时别忘了在餐桌旁预留至少 0.7m 的过道宽度。

M 号餐厅实际是 S 号的一个变形，也是两边靠墙，宽度不变，只是深度增加。

M 号 + 餐厅虽然看似比两面临墙的 M 号餐厅面积小，但只有一面是墙，所以餐厅实际可使用的面积一定比平面图上标的 $3.3m^2$ 要大一些。

L 号则是四方形的大空间，能居中摆下 6 ~ 8 人桌，允许全家老少一起用餐。

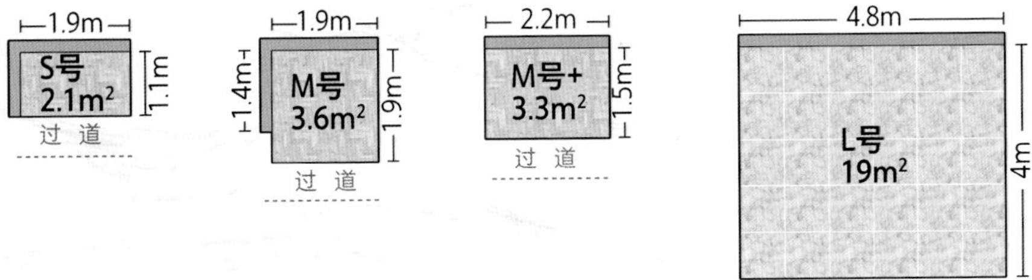

S 号餐厅

靠墙的餐椅做成卡座，非常适合小餐厅。既可以收纳物品又节省面积，还有很好的私密性和围合感。小餐厅最适合使用可加长的伸缩型餐桌，平时两人就餐，而与家人朋友聚餐时可变成四人桌。

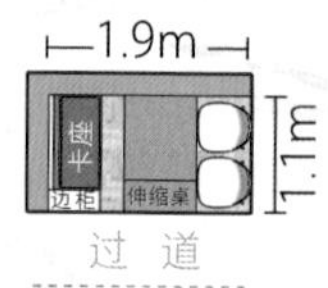

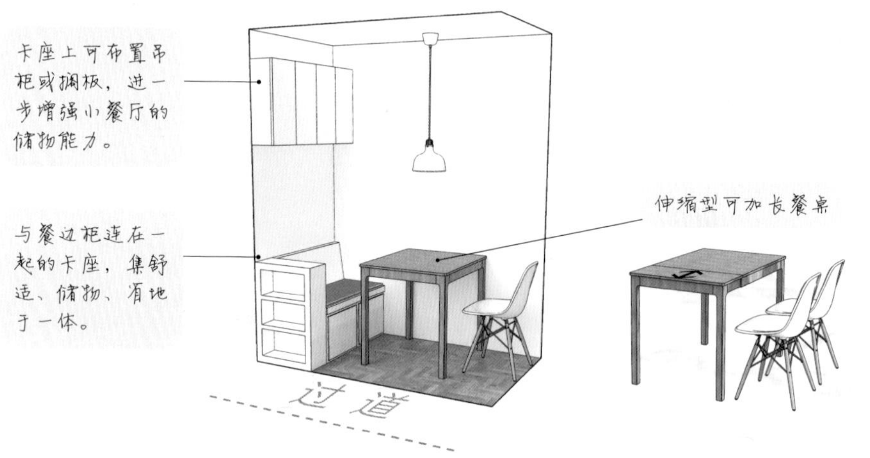

M 号餐厅

中号餐厅的深度达到 1.9m。可以将小号餐厅的布局转个方向，靠墙的长边布置卡座、短边布置餐桌边柜。如果不需要边柜，还可以将两面墙整个做成 L 形转角式卡座——餐厅大包间的体验。

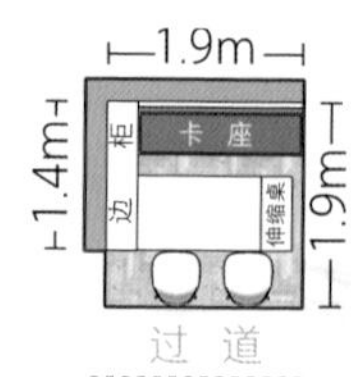

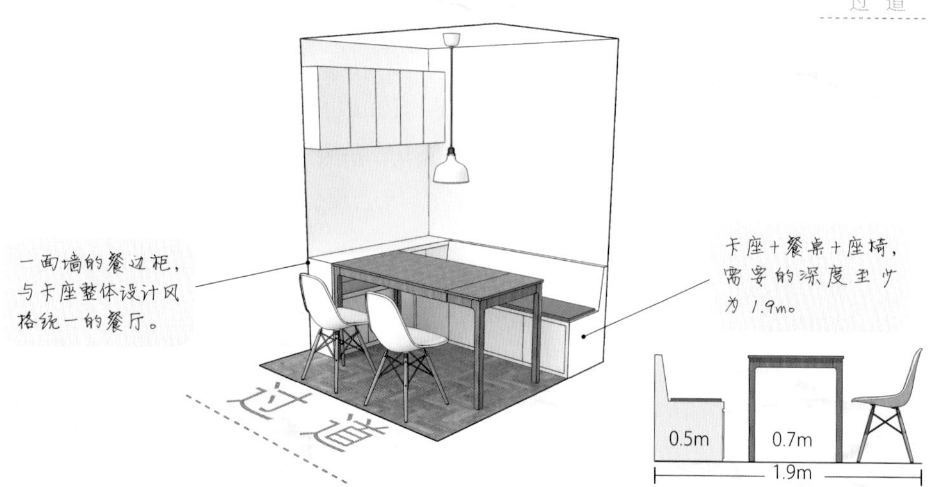

M 号餐厅 +

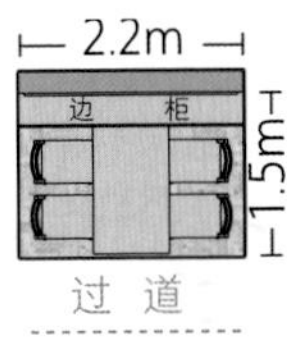

比中号餐厅更大一版的方案：居中对称的餐桌布局，又实用又美观。餐边柜于长边贴墙布置，拥有超强的收纳能力，还可与客厅电视柜、门厅柜整体设计。

这里挂画。通过吊柜下的射灯照亮整幅画面，美不胜收。对面墙可挂电视。

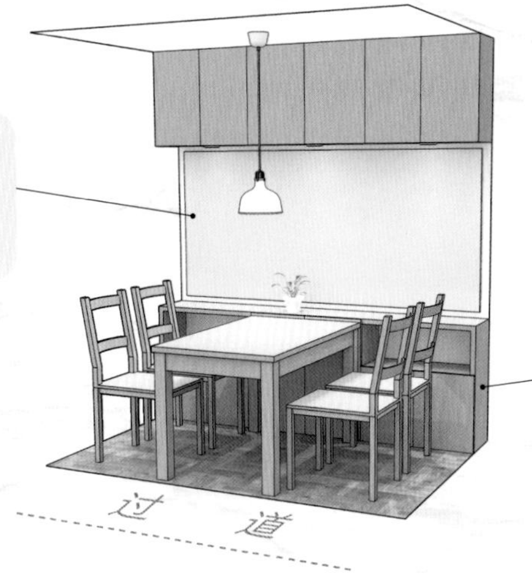

整面墙的餐厅边柜，可与客厅、门厅相结合。担心柜门打不开？做成推拉门就好了。

L 号餐厅

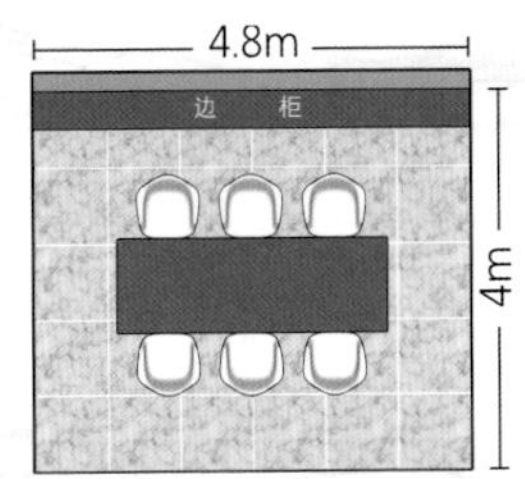

还记得在超大号卫生间中提到的大空间摆放思路吗？大号餐厅也是一样——不靠墙放，而是**居中摆放**。开阔的视野中，大餐桌显得非常气派。餐边柜也是整面墙通长布置为佳。

餐厅案例

小圆桌是小户型的理想选择

简约的纯白色餐边柜和小四人桌

架子也可以当作餐边柜

独立的餐厅空间颇有用餐仪式感

设计师：刘畅同学

餐边柜让餐厅更加丰满充实

客　厅　LIVING ROOM

第 1 步 | 空间布局

说完四个房间的空间布局设计，才终于来到了一个家的门面 —— 客厅。

之所以把客厅放到玄关、厨卫和餐厅之后，是因为真正能让家用起来舒服的地方是卫生间和厨房，展示给外人的门面是门厅，而真正与家人团聚以及会见朋友的地方，是餐厅。因此这四间屋子值得花费大量心思去布局和打造。

相信不少朋友装修房子唯一投入重金打造的地方只有客厅，容易用力过猛：奇大无比的一整排沙发、五彩缤纷的电视墙、层层叠叠的吊顶灯池、华而不实的水晶灯，客厅照明开关就有五六个 —— 其实平时只用一个就够亮，剩下全都是做出来为了给来参观的客人炫耀用的。这样的客厅设计，是没有人情味的。

为客人设计的厅，是华而不实的。

客厅布局思路

让客厅充满人情味

真正好的客厅应该是为自己打造的厅——熟人相聚、家人沟通、业余消遣、孩子玩乐的地方。客厅的英文：Living Room，意译应该叫作起居室，还有一些外国住宅的客厅直接叫作 Family Room，直译过来就是家庭厅。

做成给自己和家人起居的厅，首先应该**去掉浮华**的雕饰，把自己和家人当作客厅的主人。这样一想，你会发现客厅需要的不是一长排沙发，而可能是围成一圈的小沙发，方便面对面沟通聊天。

其次，电视在大多数客厅里过于**抢镜**，成了主角，甚至有人还为它打造了一堵花里胡哨的电视背景墙。这样造成的后果就是家人在客厅共处时只能排排坐看电视或刷手机。其实如果没那么热衷看电视（比如像我，只有四年一次的世界杯时才会打开电视），甚至可以考虑不在客厅摆放电视。

电视既然不是客厅主角了，那么客厅的主角应该是什么呢？在我看来，客厅更应该是展现主人**品位**的地方。藏书多的高知家庭可以打造一整面墙的玻璃书柜。热爱音乐的人可以摆上他的乐器和喜欢的唱片。喜欢茶和古玩的屋主，可以用展示柜摆放自己收藏的茶具和茶叶。喜欢坐在家中和朋友聊天的屋主，可以在客厅中间铺张地毯，布置几组小沙发围成一圈。

客厅的设计，一定要“反客为主”，不要只图一时的面子和虚荣，而将自己家的客厅打造成了“客人的厅”。

反客为主，为自己打造的厅，才是真正的好客厅。

如何实现“反客为主”的客厅？

首先要抛弃以往的**惯性思维**和**传统观念**：沙发必须靠墙，客厅越大沙发就越长，客厅就是看电视用的，为了凸显电视的尊贵地位还要在其后弄一堵电视背景墙。

这些都是让客厅变得没有人情味、无法聚拢家人的做法。

摒弃排排坐看电视的客厅布局

打造真正人性化的客厅：多个围坐式小沙发，成为客厅中心。而电视不一定是主角，更应该摆放的是体现家庭主人爱好的物品。

正确的客厅设计思路 =

围坐式小沙发 + 一面墙的爱好

音乐爱好者的客厅

或是

户外运动爱好者的客厅

或是

茶道和古玩爱好者的客厅

还可以是

书法绘画爱好者的客厅

说不定，调个方向就好了

如果你家的客厅和餐厅不是各自独立的房间，而是 LD 型（Living 客厅 + Dining 餐厅）或者是 LDK（Living 客厅 + Dining 餐厅 +Kitchen 厨房）时，别忘了柜子应当整墙通长一体设计，让柜子不像是后打的，而像是原本就“长”在墙上，看起来更自然、更有整体性。

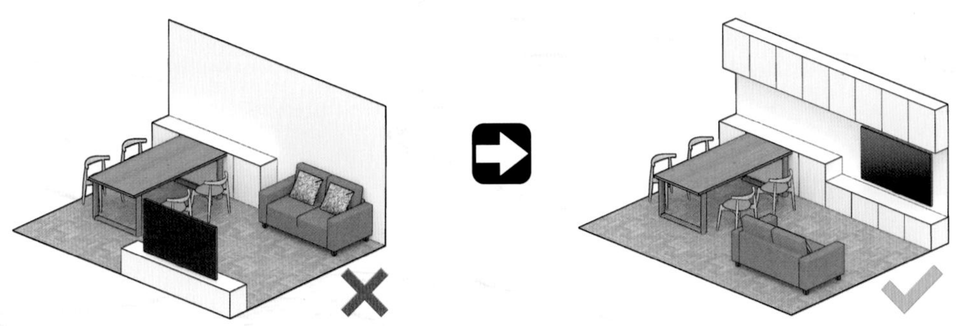

餐厅客厅各自为政，柜子凌乱散布　　客厅柜与餐厅柜整体布置于同一面墙

客厅按大小分类

从 $7m^2$ 到 $70m^2$ 的空间都能做客厅。在装修时仔细审视自己的家，可以打开思路——不一定非要在原本是客厅的地方做客厅，也可以将某一间卧室甚至是餐厅做成客厅，效果说不定会更好。

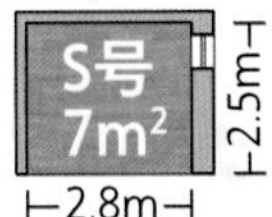

$7m^2$ 大约是最小的客厅面积，刚好能放进沙发和茶几。

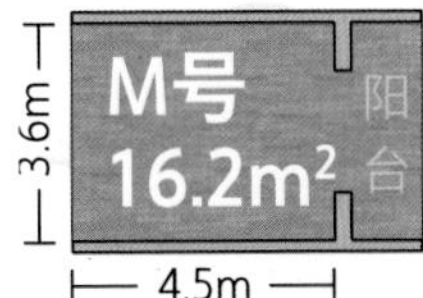

最常见的客厅形式，往往还带一个阳台。不算阳台的话，面积十几平方米。

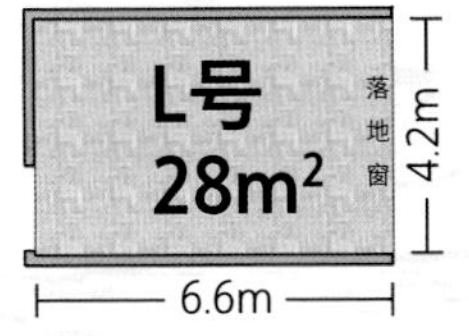

比中号再宽一些、长一些，凡是可以做成 LD 形式（餐客厅）且大于 $20m^2$ 的厅，都可以算作大号客厅。

豪宅里的超大号客厅，通常只有大平层或是别墅可以有这样的客厅形式，这么大的空间对净高的要求很高（净高太低会显得房间过于扁平压抑）。

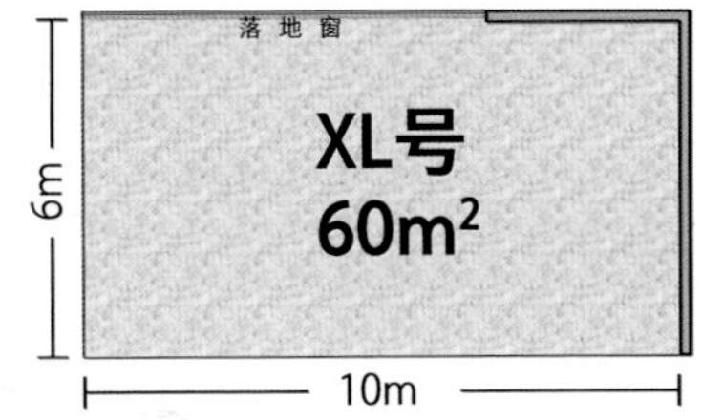

S 号客厅

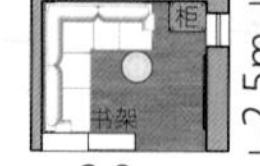

$7m^2$ 的小客厅往往是将一间小房间改造为客厅的产物，牺牲了一些客厅面积，却可以把原本是客厅的大空间，做成大卧室、大餐厅、大厨房等更能提升生活品质和使用价值的房间。

这样的小客厅适合二人使用——躺在转角沙发看电影、看书，都很惬意。只是要招待朋友还是显得有些局促了。

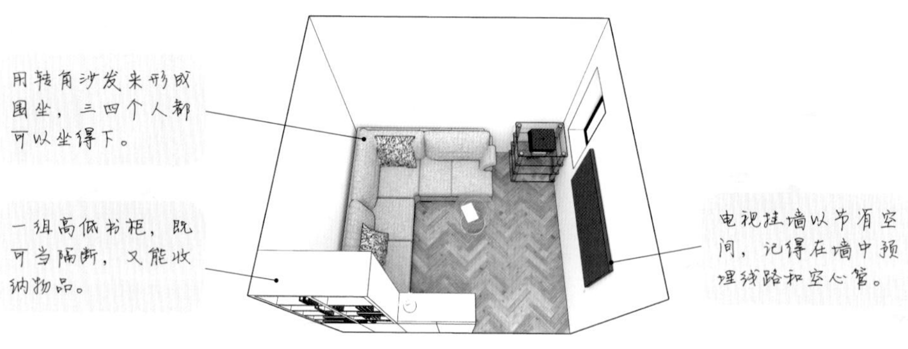

M 号客厅

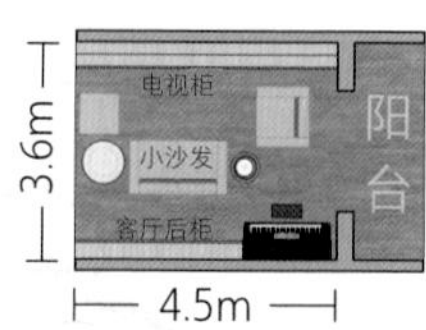

住宅楼中最普遍的客厅形式：十几平方米加一个阳台。把沙发向前挪而不靠墙，形成围坐式。电视已经不是现代客厅标配了，找到自己真正热爱的生活方式更加重要。在沙发后方摆一排边柜，上面放一盏台灯、一瓶花和一幅画，再加上沙发前方一面墙的爱好展示，客厅的人情味就会油然而生。

艺术和音乐的客厅：CD 和黑胶唱片摆一墙。

沙发摆在客厅中间，而不是靠墙，成为客厅主角。

后排柜子，发挥收纳功能的同时，增加情调和生活气息。

L 号客厅

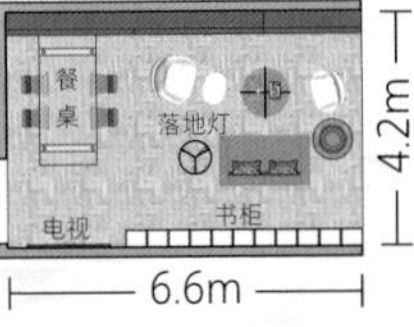

LD 型餐客厅，如果客厅的长度够长（大于 5m）就可实现。别忘了餐厅和客厅两个部分要整体考虑柜子的设计。将电视放在餐厅区域，让客厅区专注于沟通和交流，气氛会更加温馨和睦。

XL 号客厅

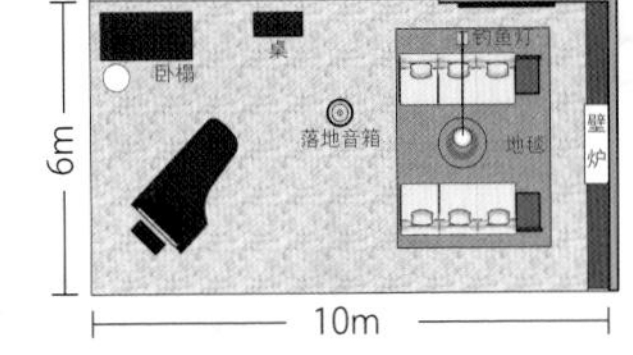

超大空间的摆放思路依然是不靠墙，居中布置。只要在大空间中划分几个区域——温馨围坐有壁炉的沙发区、安静远眺有情调的卧榻区、优雅浪漫有格调的音乐区。

总之，豪宅要做豪，而别做成了土豪：断臂维纳斯、古罗马喷泉、爱奥尼柱式最好不要摆进客厅。

客厅案例

围坐式的沙发布局

Hi-Fi（高保真）爱好者的客厅

打造人情味是客厅的设计重点

沙发后的背景墙比电视墙更有人情味

小空间可以创造出更加亲密的围坐感

沙发和座椅共同围合成充满生机的起居室

影音室

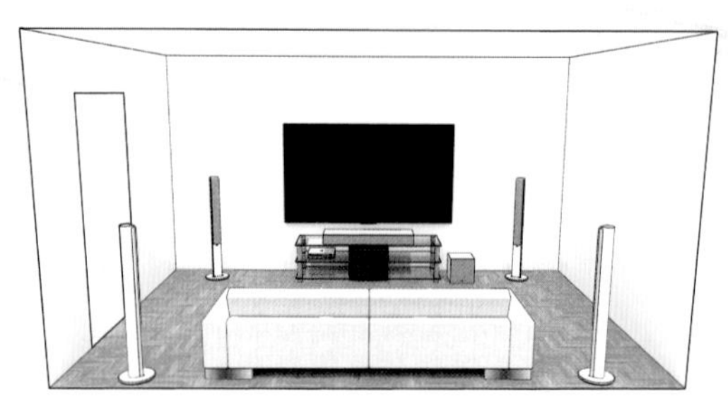

如果没有其他特别的爱好，更喜欢回家之后坐在沙发上看电视，那么“一面墙的爱好”当然可以是电视机。这时把客厅当成影音室来设计就对了。大多数客厅都是默认做成“影音室”的。

上图是普通的影音室，和大多数客厅从大小到长相都没有太大区别，唯一需要注意的是：家庭影院音响需要在装修时预埋音频线路。线路预埋方法详见第二步房屋系统-电系统。

另外如果你对电影的画质和音质有着很高的追求，并且家里够大，可以考虑做一间下图这样的独立影音室，将客厅和影音室分开。客厅负责家庭沟通和生活氛围，当想看电影、听音乐的时候就去独立的影音室。这样的布局使生活更加讲究，也更有仪式感。

30m² (5m × 6m) 豪华影音室

沙发距电视多远合适?

沙发离电视太远的话，只看新闻和标清的电视剧是可以的。而假如你喜欢看超清蓝光电影、玩 4K 游戏，那尺寸一定要够大，并且越大越好。享受真正的家庭影院体验，请参考下表：

电视尺寸	50"	55"	60"	65"	75"	100"	120"
观者距离	2m	2.2m	2.3m	2.5m	2.8m	4m	4.5m

电视怎么选？

家里电视怎么选，首先要明确自己对电视的需求有多少，是只看新闻和电视剧，还是要看电影、玩游戏。是只在晚上回家后才看电视，还是电视机几乎一整天都开着。了解自己的需求，才能根据需求来选电视的类型。电视分为两类：平板电视和投影仪。

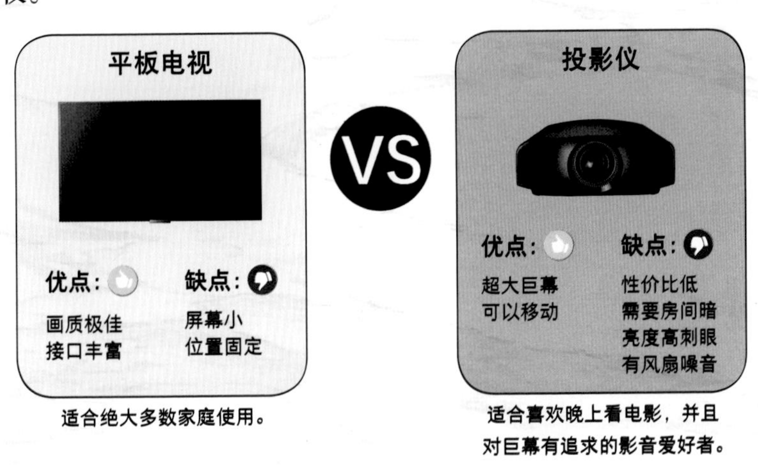

电视就是一个超大号显示器，主要是看它的显示效果好不好，其他可有可无的功能（比如 3D、智能、曲面）不必过多考虑，选电视时重点考虑下面三个要素即可：

4K 指的是分辨率为 3840（≈ 4K）× 2160 像素的屏幕，比 FHD 全高清（1920 × 1080）屏幕的像素点数多了 3 倍，画面清晰度极高。4K 电视在看电影、电视剧时优势并不明显，因为电影、电视剧的片源本身一般最高只有 1080p（2K），但在看照片、玩游戏、连接电脑的时候则比 2K 电视清晰许多。毕竟高分屏是发展趋势，现在还有电视厂家已经推出了 8K 电视。所以购买标准，至少是 4K 电视。

OLED 对画质有革命性提升的一项技术。传统的 LCD 或 LED 像素本身不能发光，所以需要背光源提供背光，这导致传统屏幕在纯黑显示时其实并不是纯黑，而是偏灰甚至偏蓝，这种“漏光”现象让传统 LCD（LED）屏幕的色彩对比度较差，画面黑的地方不够深邃。而 OLED 本身自发光，不需要背光源打光，需要显示黑色时，那些 OLED 像素点自己能关闭光源，这就做到了真正的纯黑色显示。OLED 屏色域广、画面鲜艳、对比度强，是完胜传统屏幕、画质有飞跃性提升的电视产品。钱包宽裕且追求画面质量的朋友，可以考虑选择 OLED 屏幕。

HDR 高动态范围图像（High Dynamic Range），和手机相机里的 HDR 功能类似，可以理解为电视机时时帮你做 PS 处理。从而使得亮度、色彩、对比度全方位改善画质的画面技术。

家里音响怎么选?

音响的学问很深，门道很多，是广为人知的“玄学”领域。从几百块提升电视音质的回音壁，到几万乃至上百万元发烧级影音产品，都可以选择。根据装修预算，以及你和家人对生活品质的讲究程度，选择合适的即可。

入门之选——回音壁

400 元 ~ 6000 元档

想要比电视“有响”再提升一档，但又不想花太多钱、占太大地方的朋友，回音壁是绝佳的选择。回音壁的英文是 soundbar，是一个扁平式的音箱，可以放在电视的下面。

小米电视音响 399 元

说到回音壁，就不得不说 SONOS，它主打无线 Wi-Fi 音响，音质出色，产品几乎年年获大奖。只是价格稍贵。

SONOS PLAYBASE 6580 元

中端 Hi-Fi——书架箱

2000 元 ~ 50,000 元档

对音质再发烧一点，再讲究一些，就可以考虑 Hi-Fi（高保真）级的音箱了。书架箱（可以放在书架上的音箱）占地面积不大，音质又绝对比同价位的回音壁好很多，非常推荐这个级别的产品。Hi-Fi 音响品牌大多来自北欧，因为那里注重艺术品位，有着超高的生活幸福感，以及森林茂盛（音箱箱体木质对音质有很大影响）。

丹麦达尼 Spektor1 1780 元

芬兰真力 G2 10,000 元

丹麦丹拿 C1 6.6 万元

电影爱好者——家庭影院

5000 元 ~ 500,000 元档

如果你是一个电影爱好者，可以选择家庭影院系统，来打造如同电影院一样震撼的声场。这样看电影会非常容易入戏。

家庭影院系统通常分为两种：5.1 声道、7.1 声道。

5.1 声道：由 5 个环绕音箱（2 主前音箱 + 2 后置音箱 + 1 中置音箱）和 1 个低音炮组成，所谓“.1”指的就是低音炮。

7.1 声道：由 7 个环绕音箱（2 主前音箱 + 2 后置音箱 + 2 侧方音箱 + 1 中置音箱）以及 1 个低音炮组成。

家庭影院系统没有固定搭配，既可以选择同一品牌的套装，也可以自行选择音箱进行混搭。家庭影院的线路非常复杂：电视要连 AV 接收器，AV 接收器再通过喇叭线输出到每一个音箱。如果要购置家庭影院，务必提前考虑清楚，装修时预留线路。

美国 JBL ARENA 家庭影院 1.1 万元

英国 KEF Reference 系列 30 万元

全屋背景音乐——嵌入式喇叭

2000 元 ~ 20,000 元档

很多家庭并没那么发烧，不需要占地方的大音响摆在家中。但又希望有一个气氛，想要随时随地（在炒菜、泡澡以及在餐厅用餐时）都能有音乐环绕在耳畔。这种情况，全屋嵌入式喇叭系统则是最佳选择。预埋嵌入式喇叭也需要在装修前考虑清楚，并在水电改造和做吊顶时，预埋合适的线路和设备。

阳台专题

阳台作为客厅、卧室或是厨房的附属品，在装修时往往被人们忽略，成了边缘空间。于是入住后，被边缘化的阳台就沦落成堆放破烂和随手搭晒衣服的地方。

要想拯救被遗弃的阳台，在装修前就应该把阳台当作一个真真正正的房间来设计，并且不仅设计，还要精细化设计。

怎么精细化设计？要从阳台的功能出发。阳台的最重要功能是家务区，这里可以有洗衣机、墩布桶和晒衣架。其次，阳台里阳光充沛，最适合养花种草。阳台还可以用来聊天、喝茶、晒太阳。把这三种功能结合起来，就能做出三合一的完美阳台。

三合一的完美阳台

Ⅱ

家务区

打造家务区的前提条件：要有污水下水口（注意不能是雨水口）。只要有污水口的阳台，就可以打造一个功能完整的阳台家务区。

家务区里可以摆放这些东西：洗衣机、吊柜、搁板、挂杆、水龙头。地方大的话还可以放进一个洗手池，还可以将烘干机叠放在洗衣机的上面。

如果觉得家务区在阳台上有碍观瞻，可以用门（对开门或折叠门）或者帘子把家务区遮蔽起来。

平面图

普通家务区

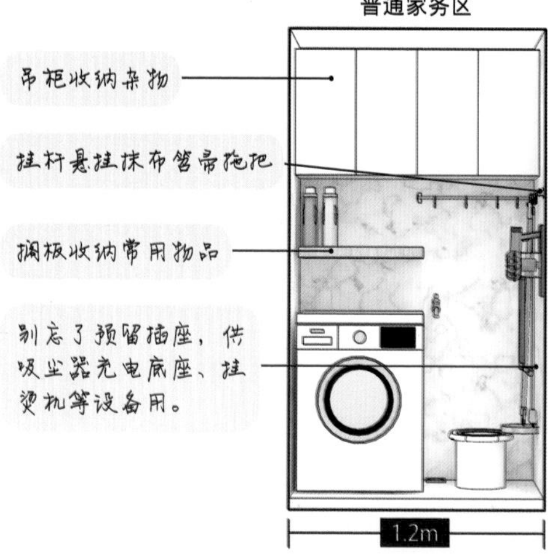

大号家务区

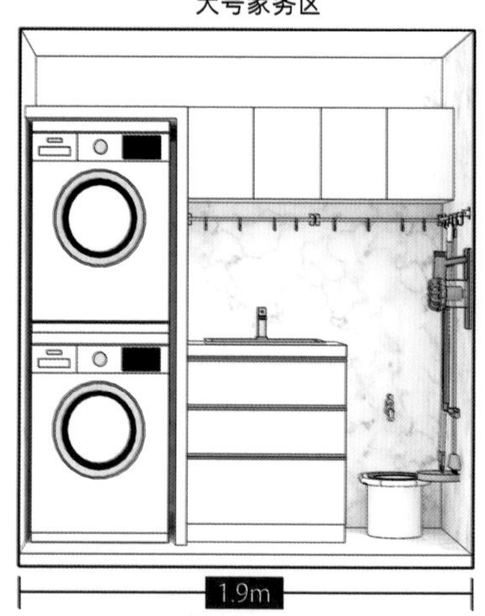

喝茶聊天区

南阳台的聊天区可以当作客厅的延伸，但不需要沙发或躺椅这么隆重的大件座椅。两把小巧的折叠椅和一张小茶几即可，需要晾衣服时可以折叠起来给晾衣架让位。

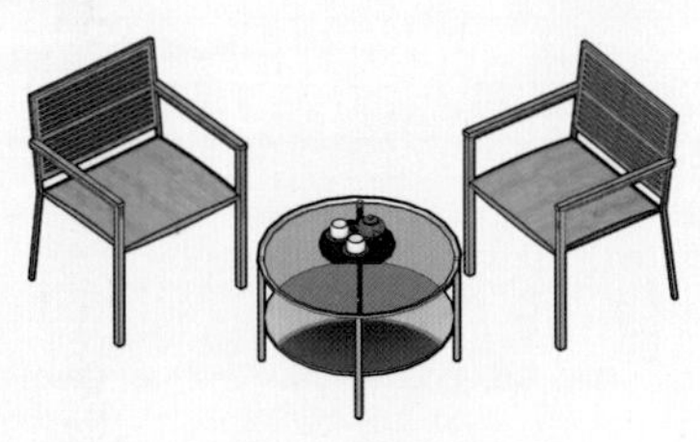

+

花花草草区

在阳台种花种草，大概是每一个有情调的女主人在装修房子时的心愿。实现这个愿望不难，最简单的方法就是买几个花架花盆直接摆进来，但这样容易显得杂乱无章。所以建议规划好“花花草草区”，比如沿着窗台下排成一排，再购置一套风格统一的花盆。让阳台看起来整洁有规划。

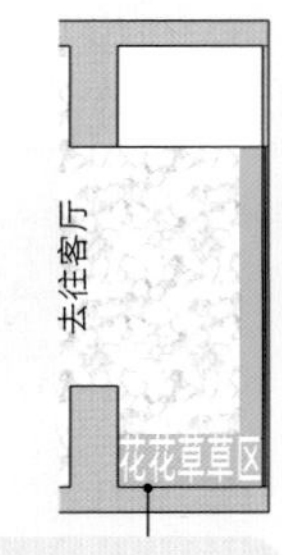

这里放柜子，收纳花盆、浇水壶、植土、培养液、铲子、剪刀等种植工具。

拼在一起，完美阳台！

从屋外往里“偷窥”

阳台案例

让阳台充满绿色和生机

两椅一桌半壶茶

小阳台处理得当也能充满人情味

卧　室 BEDROOM

第 1 步｜空间布局

最后一个空间的布局——卧室。大家先别急着在卧室里摆家具，我们先来想想这个问题：家里到底需要几间卧室。

其实并不一定二居室户型就一定要做两个卧室，三居室户型就一定要做满三个卧室，想明白未来的家到底会有几个人居住。我见过不少朋友在装修时，预想着远房的亲戚可能会偶尔来家里探望，于是给他们预留出了整整一间客卧，装修完毕收拾得干净体面。可实际过了五年、十年也从来没有人住进过这间卧室，购置的床垫成了接灰的平台，定制的衣柜成了收纳破烂的仓库，这间屋子的价值也就这样白白浪费掉了。

我将这种被闲置的卧室称为“多余卧室”，多余卧室的情况常见于大户型和别墅豪宅中。我国的住宅在设计之初通常有这个毛病，那就是不知如何体现豪宅之豪，只会一个劲儿地往里塞卧室，导致偌大的别墅没有一间特别像样的房间，只有若干个 $10m^2$ 的小卧室和 2 ~ $3m^2$ 的小卫生间分散其中。

对于这些多余卧室，我们可以在装修的时候把它们合并，或者赋予新的功能，比如影音室、工作间、健身房以及豪华衣帽间。开发多余卧室的潜能，是提升房屋价值的第一步。

卧室两大件

首先在卧室布局之初，应当精简卧室的数量，思考清楚都有谁来住、住在哪里。如果安排妥当之后发现有“多余卧室”，则尽可能赋予它们更有意义的功能，例如：衣帽间、影音室、书房、健身房。

别忘了还可以将那些与厨房一墙相隔的小型多余卧室和厨房合并，合并出一个超大号的豪华厨房；也可以通过这间多余卧室来扩大原本小号卫生间的面积，或是直接打出一个新的卫生间，以缓解多口之家的抢卫生间难题。

然后，进行卧室布置其实很简单，卧室里的物件非常少。只有两件东西最重要——床和衣柜。有了这两个大件，房子就可以住人了。不论卧室的布局如何，这两大件的品质——床宽不宽敞，床垫软不软和衣柜好不好用，将从根本上决定卧室的品质。

卧室的空间布置就可以理解为：考虑下面两个大件摆在哪里、怎么摆的问题。

卧室两大件，它们分别是：

床

卧室最重要的功能——就寝。而床作为这一功能的载体，必然是卧室里的最大件。床由床架和床垫构成，这两部分都极其重要，需要精挑细选。

衣柜

卧室第二大件是衣柜，别看衣柜方方正正、简简单单，可真正做起来却麻烦多多：定制的高昂价格、材料的环保陷阱、内配件的繁多杂乱。怎么才能拥有一个好衣柜？请继续看之后的篇章。

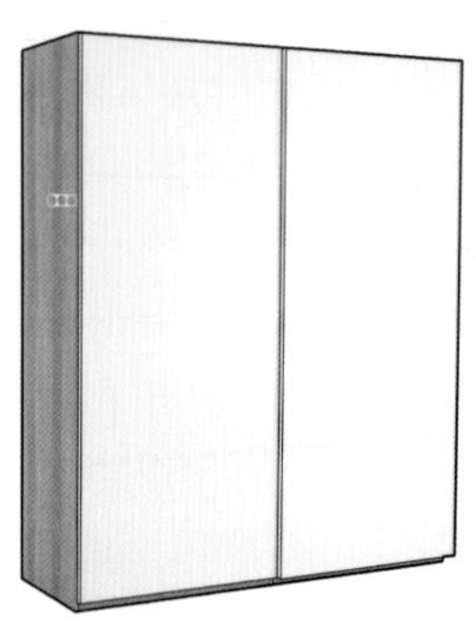

床——床架

卧室两大件之一是床，是卧室中最重要的角色。床垫和床架共同构成一张完整的床。床架尺寸：长度一般是 2.2m。单人床宽度分为 0.9m、1m、1.2m。双人床宽度分为：1.5m、1.8m、2m。床架类型有很多种，逛家具市场容易看得眼花缭乱，下面说说几款常见的床架类型。

不推荐的床架

榻榻米

首先不提倡的是打榻榻米。日本人用榻榻米是因为房子实在太小，三四口人挤在 30 ~ 40m^2 的家里。只有一个大房间，白天将床铺收在柜子里当起居室，晚上再从柜子里拿出铺盖卷当卧室。

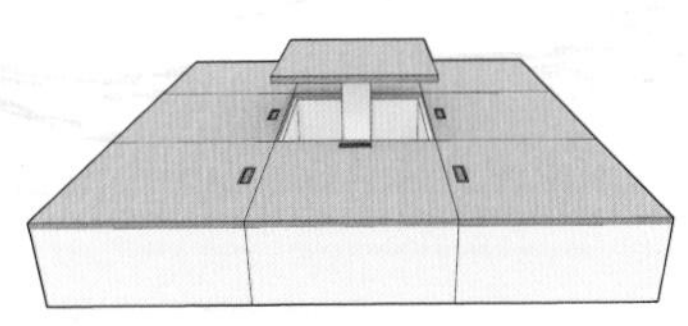

而国内流行的榻榻米，并不是严格意义上的日式榻榻米，其实应该叫作大炕。

全屋定制的厂家宣传其多功能性及收纳能力，可实际使用起来很不方便，因为床垫铺好就难以再抬起来了。

另外榻榻米并不舒服，就算用了高档席梦思床垫也无法抵消最下层的坚硬。更大的硬伤是：打了榻榻米这个房间就只能用于睡觉，永远无法改造成其他用途的房间了。

四角立柱床

床架的选择一定要简约实用。铁艺或木艺的装饰简直是灰尘收集器，一个洞、一个槽地擦灰就需要大半天时间，而那四根柱子既无用又碍事。

推荐的床架

储物床

推荐之一便是储物床，可以是抽屉柜床也可以是高箱气压床。换季的被子统统放到床下储藏，方便又省地，甚至床头板都可以有储物空间，睡觉时随手放眼药水、眼镜、手机。

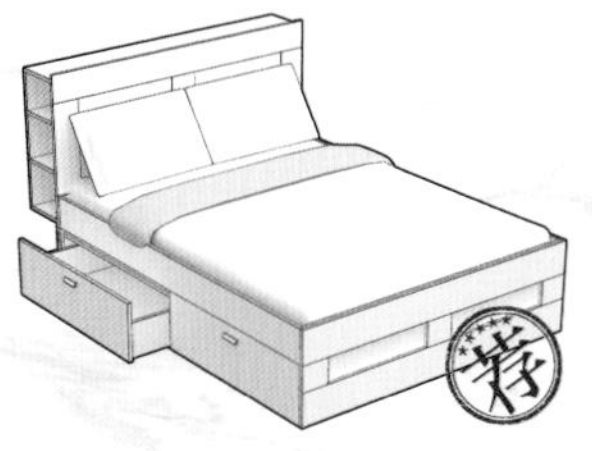

软包床

推荐之二的是软包床，晚上靠在后面软软的垫子上看书、看电视，简直太惬意。软包床要选购现代的，千万别选古典欧式风格的软包床，过于土豪风。

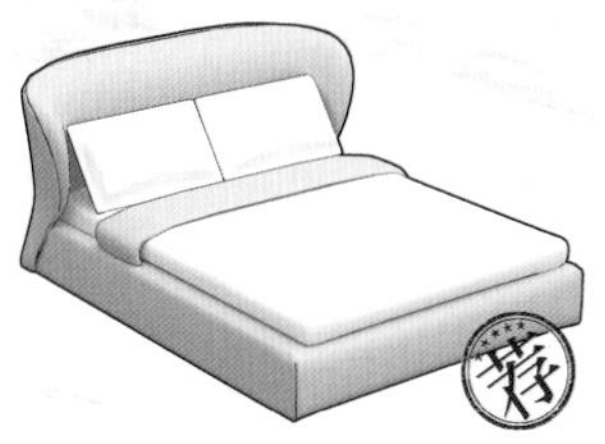

注意：某些软包床和高箱气压床会对床垫有高度限制（比如只能配 23cm 以下厚度的床垫），所以购床架时务必提前考虑好与之搭配的床垫。

床——床垫

一个好床垫，是最能提升生活品质的物件。

人一生的三分之一时间都在床垫上的睡眠中度过，为了让自己有一个更高质量的睡眠，床垫的钱最不应该省。装修可能都要花个几十万，一个千元级、万元级的床垫还是不过分的吧。

三种床垫类型

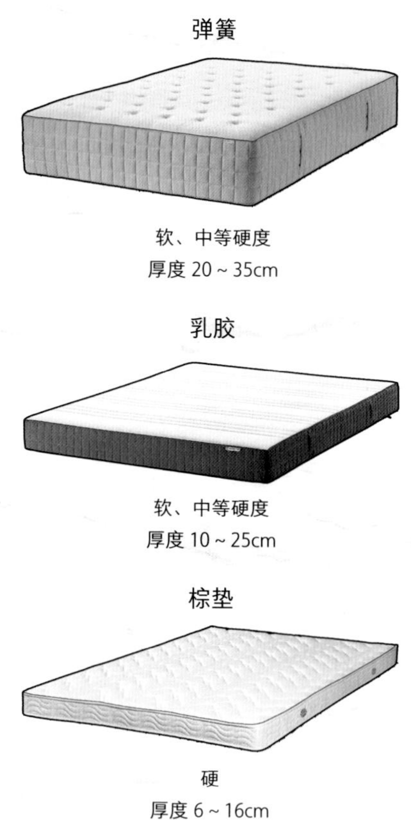

至于选哪种类型，建议去门店里躺一躺试一试，自己亲自体会后判断。如果看中某款昂贵的高档床垫，可以在其官网查与之合作的五星级酒店，入住一晚真实体验睡眠感受，再做决策。

衣柜——定制?

提到衣柜，恐怕不少人就想到了“全屋定制”。并不提倡盲目定制衣柜——见到需要放衣柜的地方就统统找厂家定制。从价格上来说，定做一组 2m 宽衣柜大致需要 20000 元左右，相比之下，一组成品衣柜，就算全用最高档次的玻璃面板抽屉和烤漆门板，也只需要 5000 元。

价钱还不是关键区别，大品牌成品衣柜的做工质量和设计成熟度还要远远高于定制衣柜，成品衣柜经过无数次市场的检验，普遍不会出问题。但定制衣柜完全是一次性设计，给你家衣柜的设计时间通常只有短短几十分钟，非常容易出现诸多奇奇怪怪、令你抓狂的问题：比如搁板对不齐、门板扣不上、轨道不平行、结构不合理、尺寸考虑不周等。

定制 = 一次性设计

就算你期望的是顶天立地一面墙式的衣柜，也完全可以用成品柜子，上面露出的几厘米让施工队包一下，就是“定制衣柜”，实际上大部分定制衣柜厂商也是这么干的（用批量生产的成品衣柜上面包个顶），收的却是一对一服务的定制价格。

这种情况不需要定制衣柜，直接买成品就好了

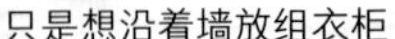
只是想沿着墙放组衣柜

那直接买个 2m 成品衣柜就好了

成品衣柜的宽度：50cm、60cm、80cm、100cm、120cm 应有尽有，你家墙无论多宽都可以套用这几个模数。甚至想做 L 形转角衣柜，也有专门的转角柜可供选择。而高度也有 200cm、220cm、236cm、261cm 等可选择，不论你家做了吊顶（2.4m 净高）还是没做吊顶（2.7m 净高），都能找到一个和你家匹配的型号。

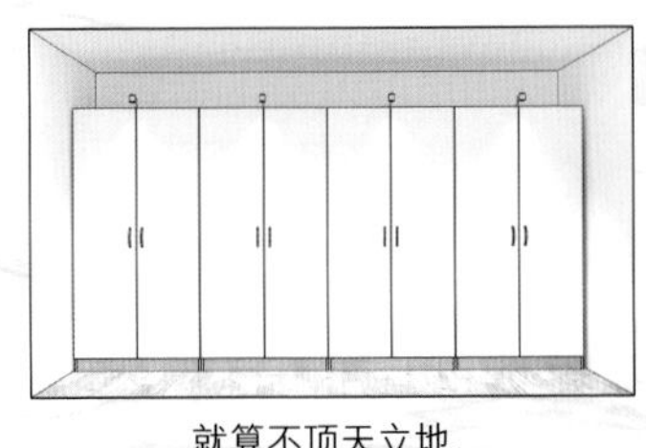
就算不顶天立地，
加个顶灯也别有一番风味

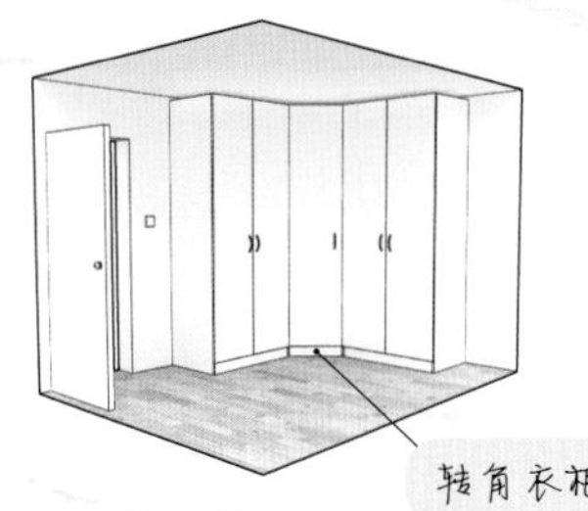

衣柜——手把手教你衣柜设计

建议衣柜一定要自己设计，因为只有你自己才知道你的穿衣习惯和收纳需求。如果把衣柜设计交给衣柜厂商，得到的只可能是一款中庸之极的衣柜方案。衣柜设计师们绝不会为你的穿衣需求量身定做。出自衣柜厂商的衣柜设计，最终尺寸能对得上，门能顺利打开，你就应该谢天谢地了。

其实衣柜设计非常简单，完全能够自己量身打造。只需要花十分钟了解一下内部收纳件，想一想自己的需求，你就能够设计出一款最合适自己的衣柜。

衣柜设计

=

上半部分

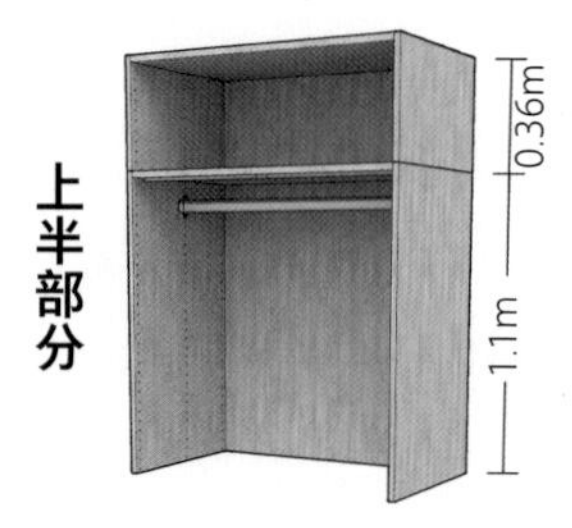

上半部分几乎不需要动脑筋，因为通常做法就是挂杆。1m 是挂上衣的合适高度。别忘了安装内置感应照明条，打开衣柜门就会自动开灯，瞬间幸福感爆棚。另外，还可选购顶柜，收纳过季的被子和鞋盒最合适不过。

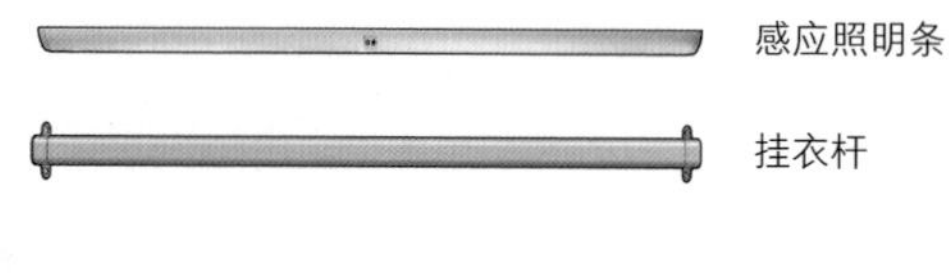

+

下半部分是唯一需要动点脑筋，人性化设计的部分。下部内配件有很多种选择：

下半部分

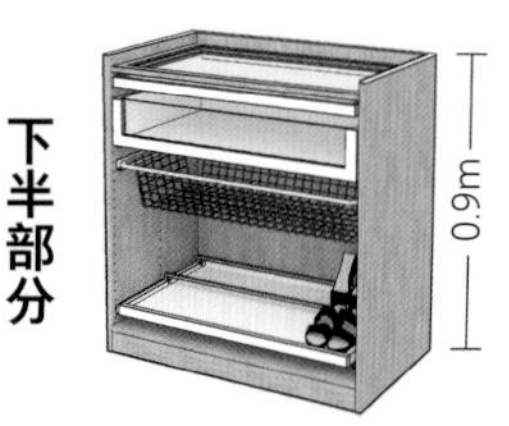

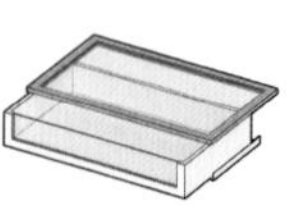

抽屉的收纳效果最强，当你不知道该怎么设计衣柜时，选择抽屉永远不会错。推荐带玻璃前板的抽屉件，可一览无余里面的衣物。

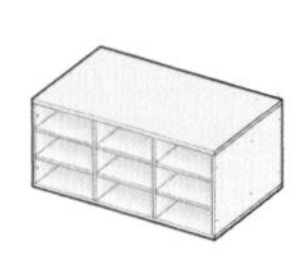

搁板是最普通的收纳方式，价格低廉，往往是预算有限的首选，但搁板既不方便整理，也不方便翻找衣物。时间一长里面往往堆满了横七竖八的衣服，堆在最里面的那件容易被永久埋没在衣服堆里。但搁板并非一无是处，用来收纳包包、鞋子、盒子都是不错的选择。

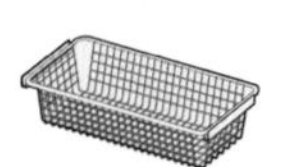

网篮尽管在收纳效果上稍稍逊于抽屉，但具有价格低廉、方便推拉、通风良好的优势。

空着也是一种下半部分做法。不一定非要用内配件做满衣柜，衣柜里适当留白，可以收纳大件物品以及悬挂长裙。

+

除去上页提到的挂衣杆、抽屉、搁板、网篮四类最常见的衣柜收纳件，还有各种各样可以强化衣柜收纳功能的小配件。建议多了解，然后根据自身需求选购。

小配件

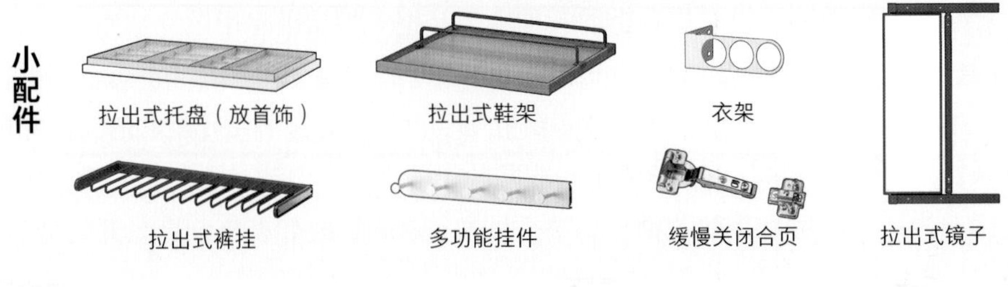

+

最后，挑一款你喜欢的门板（和门把手），选平开门还是推拉门取决于衣柜前方有多少空间。衣柜外观颜色建议使用你家的主色或副色。（副色：像画素描一样眯着眼审视家里，映入眼帘第二多的颜色，比如主色是白，副色是木色）

门和把手

平开门，记得在衣柜前留有至少 70cm 宽的开门空间。然后选一款和门板风格相搭配的门把手。

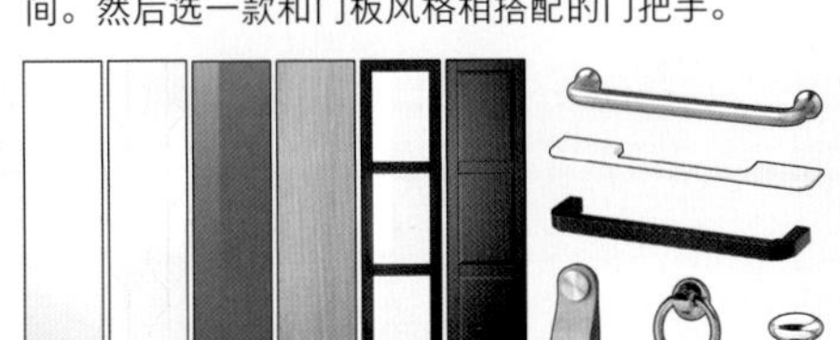

推拉门，衣柜前距离留有至少 50cm 宽的站人空间即可，并且不需要门把手。

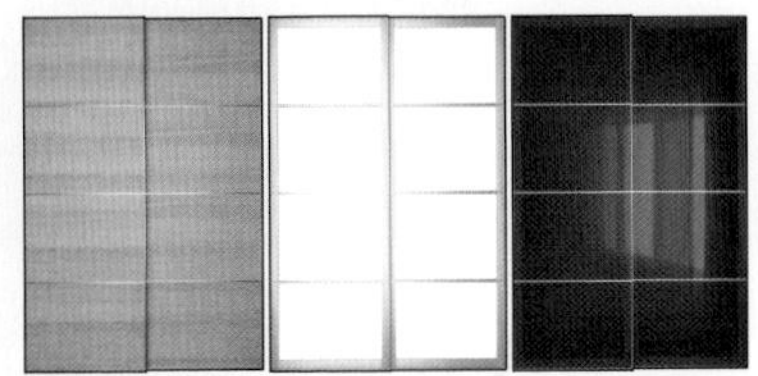

拼在一起，搞定！

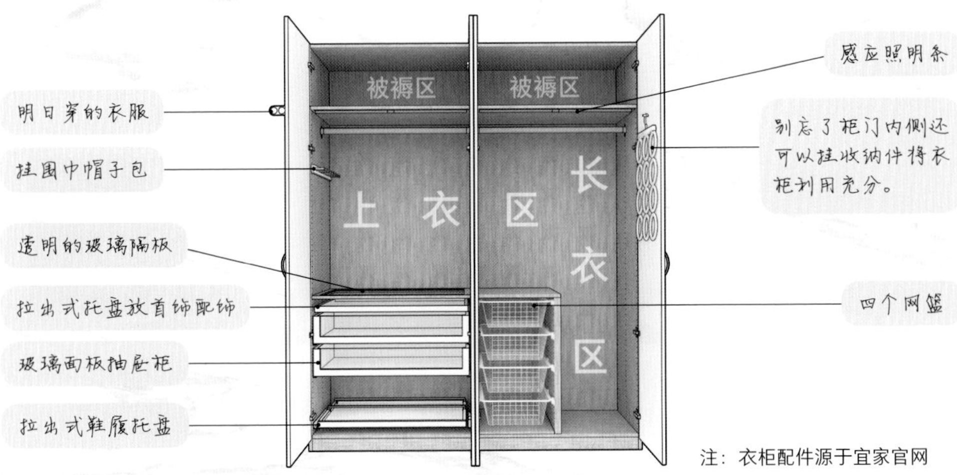

注：衣柜配件源于宜家官网

衣柜——衣帽间

衣帽间并不神秘，它只是衣柜的一种变体。把衣柜从卧室中独立出来，那就是衣帽间。

衣帽间本身有门，衣柜也就不再需要柜门了，所以通常采用开放式的无门衣橱。一进到衣帽间里，衣物鞋子**一览无余**，非常便于挑衣更衣，这是衣帽间的最大优势。衣帽间的另一个优势是**高效收纳**。如果平铺总计 4m 长的大衣柜，算上开门的空间一共占地 5.2m^2。而 U 形衣橱的衣帽间只要 3.7m^2 就可以拥有同样 4 延米的衣柜。

打造一个衣帽间，也并不一定需要找一个全屋定制的厂家来做。因为衣帽间的设计非常简单，你完全可以自行 DIY，可以这样理解衣帽间：

衣帽间 =

宜家帕克斯转角衣橱（8000 元）

衣帽间需要定制的是墙，而不是衣柜。

所以，直接买一组尺寸合适的成品转角衣橱（可自行组合，推荐宜家帕克斯储物设计工具），然后让施工队按照衣柜尺寸砌筑墙体，最后加上一道玻璃门，一款量身定制的衣帽间就完成了。

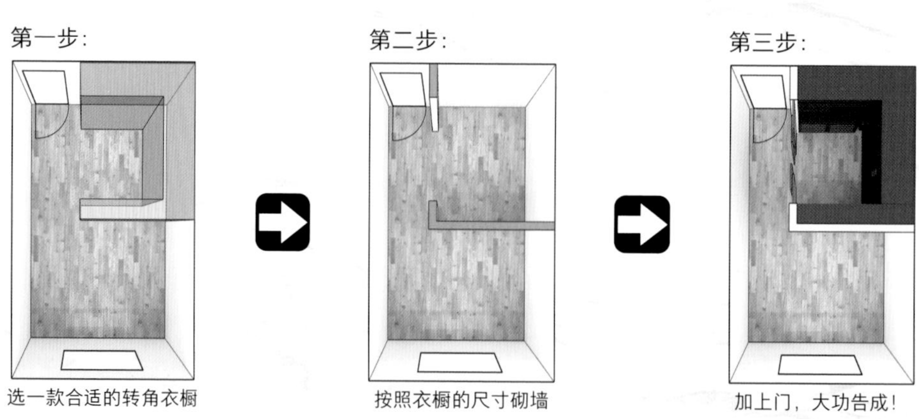

用两组 2m 衣柜打造豪华衣帽间

把两组最普通的 2m 衣柜（无门）面对面地摆进卧室，并砌上墙，就是一个很不错的衣帽间。在正中间可以放一面大镜子，如果衣帽间宽度大于 1.2m 还可以加一个更衣凳，完美的换鞋换衣的体验就实现了。

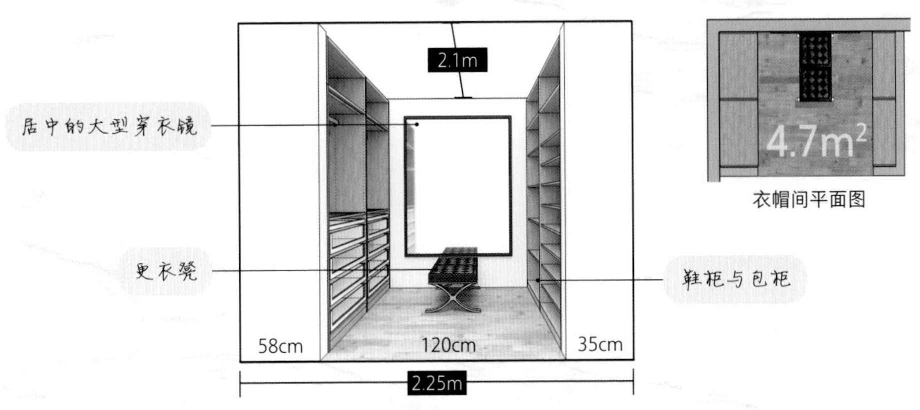

衣帽间平面图

用 L 形转角衣柜打造小型衣帽间

有时迫不得已需要做一个衣帽间，比如卧室有一个凸出的小空间（往往是把旁边储物间的隔墙打掉产生的），或有一个面积不到 $2m^2$ 的小储物间想做成衣帽间，那么只需要买一个 L 形转角无门衣橱塞进去就可以了，也并不需要去找“全屋定制”。

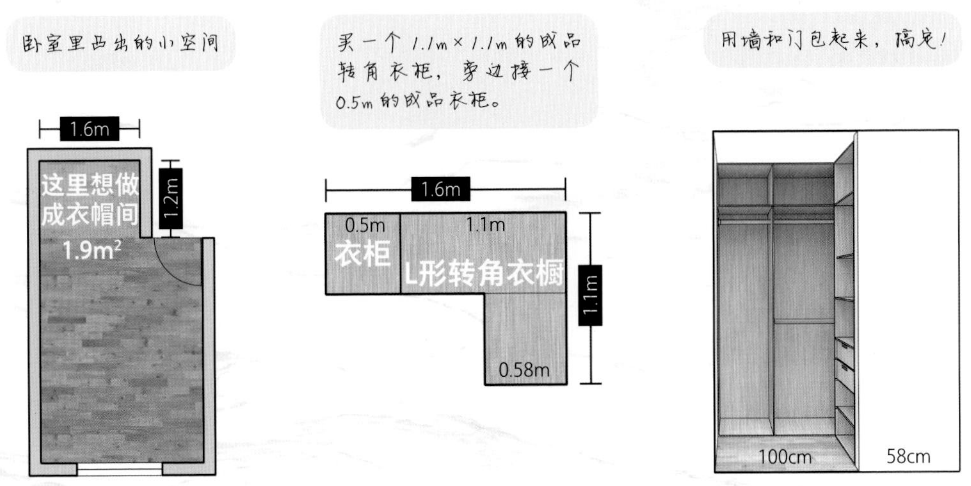

衣柜案例

小卧室中用成品衣柜打造的衣帽间

大卧室中的两组 3m 衣柜

卧室飘窗

有飘窗，就相当于卧室自带了一个有情调的小角落，只需把飘窗的角落空间好好开发利用，不仅能增加储物收纳空间，还能成为卧室里的温馨亮点。

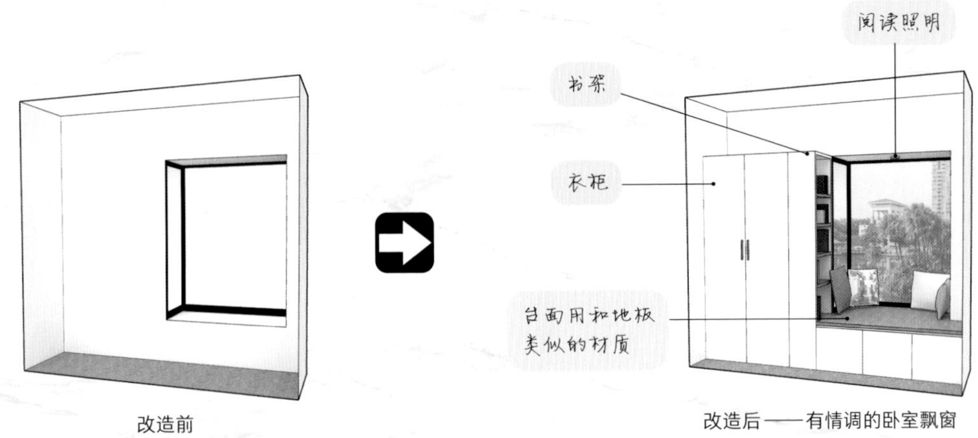

改造前

改造后——有情调的卧室飘窗

卧室按大小分类

卧室的面积越大，卧室的功能分区就可以独立出来，比如衣柜可以独立成衣帽间，化妆台可以独立成化妆间。最小的卧室可以是一个儿童房，而最豪华的卧室，是一个集衣帽间卫生间于一体的卧室套房。

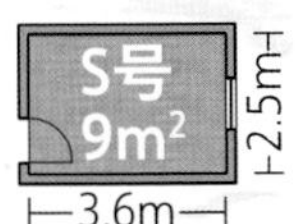

不足 $10m^2$ 的面积，可算是小号卧室。如有孩子，它可以用来做儿童房。

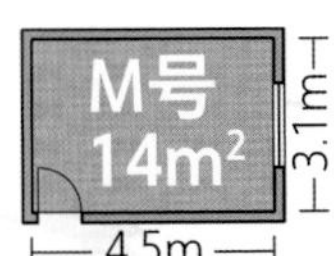

最常见的卧室尺寸，3m 宽 4m 长，足够将一张大双人床居中摆在卧室中间。可做主卧。

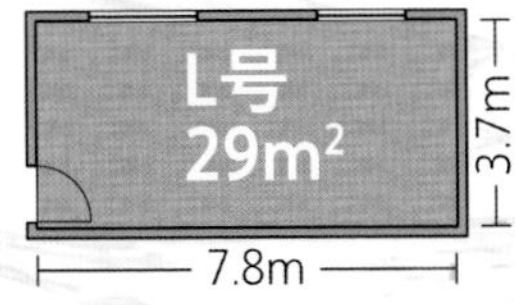

大号比中号长一些，这样的长度可以拥有独立的衣帽间，就寝区也会更私密。

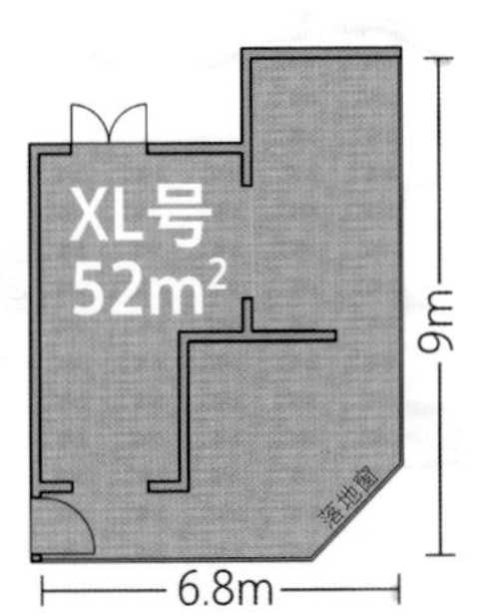

超大号豪华卧室往往需要由几个功能空间构成，即做成卧室套房的形式。

S号卧室——儿童房

有孩子的房主，通常会将卧室里较小的那间次卧作为儿童房，那么儿童房就可以像下图这么做：床不居中摆放，而是靠墙。好奇心强的小孩会更喜欢私密性强的上铺，把上铺想象成自己的小城堡。

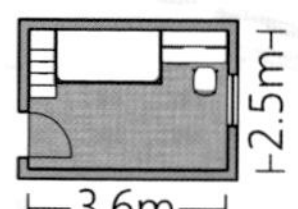

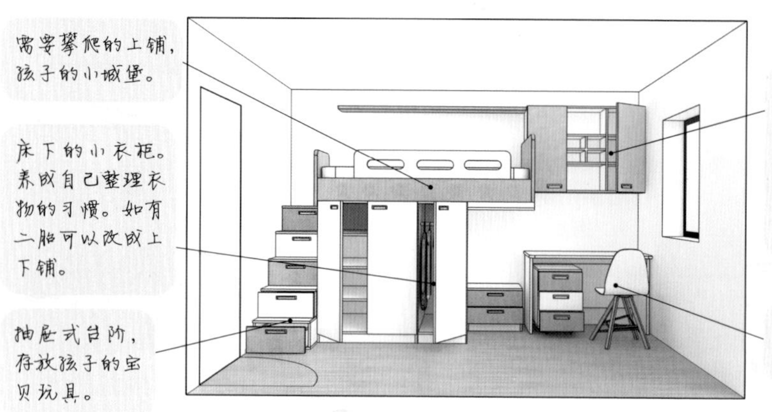

M号卧室

最常见的卧室形式——3m宽、4m长、12m^2的卧室，这么大的空间刚好可以摆下床、床头柜和衣柜。如果空间再充裕一点，还可能摆下一张桌子，用来当书桌或是化妆台。

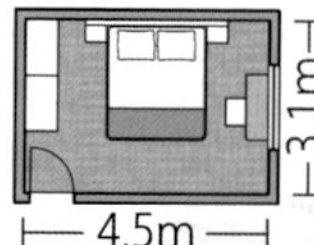

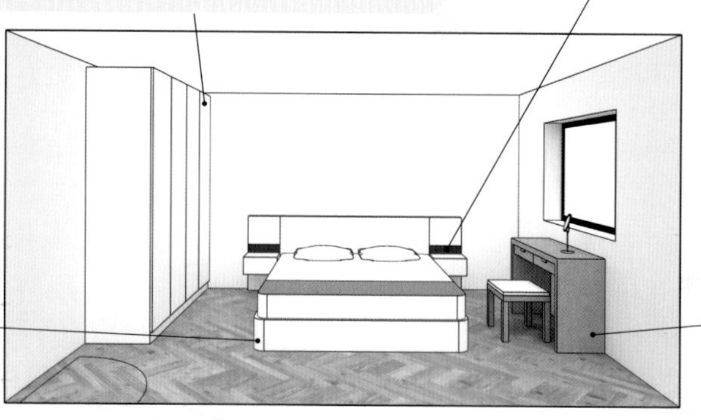

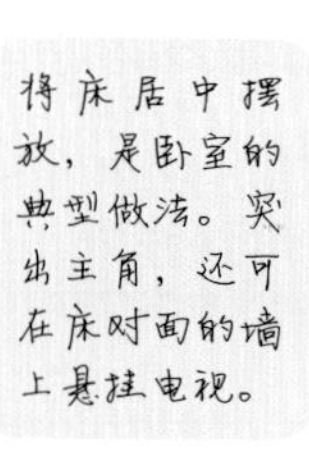

L号卧室

长度是区分大号卧室与中号卧室的最显著特征。长度长的卧室就可以将空间划分成为两个，一个是一进卧室的衣帽间，再一个是里面的就寝区，这样可以创造出更私密的就寝环境和更宽敞的更衣环境。这样的大号卧室可以通过两个小卧室合并而成。

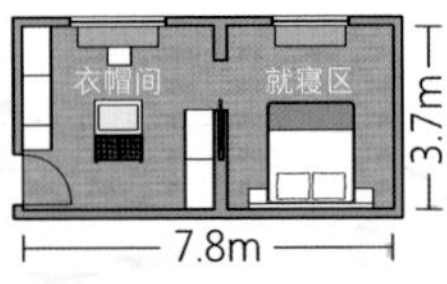

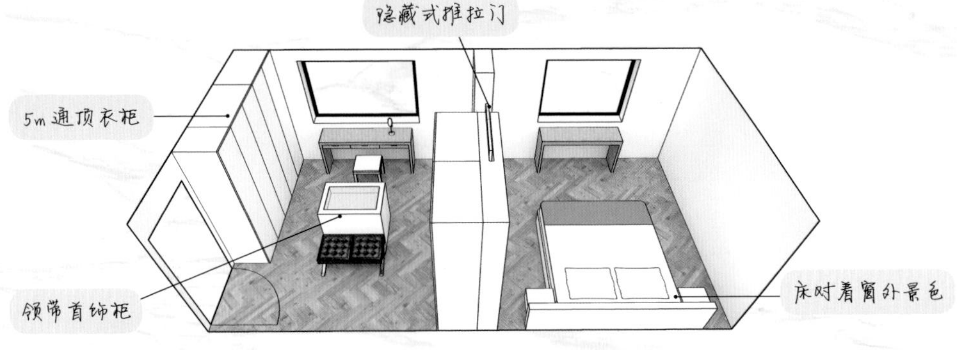

XL号卧室

套房是超大号卧室的普遍做法：就寝区 + 衣帽间 + 卫浴区。三个区域共同形成一个主卧套房。本案例为海景别墅的主卧套房。

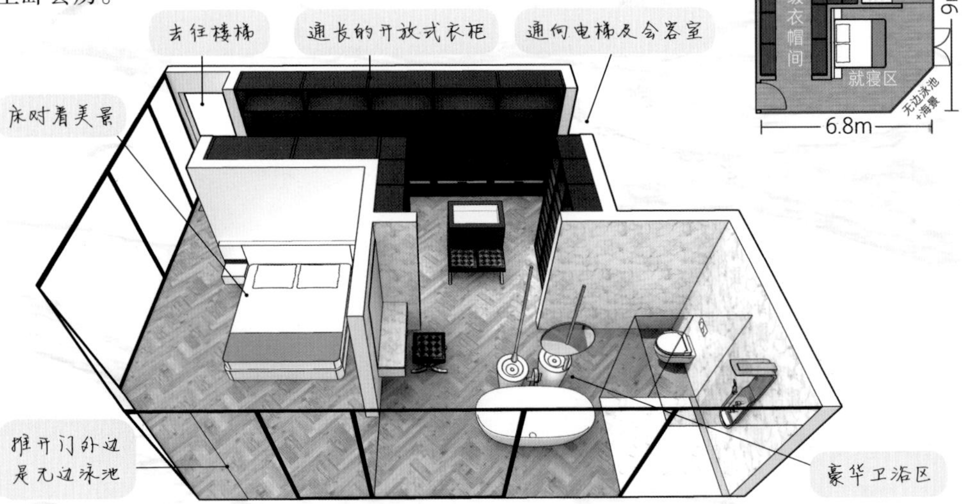

卧室案例

简约温馨的儿童房

木质卧室背景墙加柔软的纺织品打造卧室温馨感

深色的卧室背景墙也是一个好选择

空间布局后记

至此，装修第一步空间布局的全部房间就到此结束了。讲过的房间有：玄关、厨房、卫生间、餐厅、客厅、卧室以及阳台。

装修是对未来生活品质的投资，那么重要的房间，应当重点投资。这样未来生活体验对于这份投资的回馈才是最大的。

如果给这些房间的重要性排列顺序的话。顺序应当如下：

第三梯队

必要的空间，稍作投资即可

在装修时，要先让家好用、实用，再去考虑好看的问题。在空间布局的过程中，务必抛开风格和样子，单纯去思考功能的完整性和空间的舒适度。

不论房间面积大小，都有其相应的布局方案，按照小号、中号、大号、超大号案例去做，充分利用好家的每一寸面积。

第2步

房屋系统

装修装的是什么？并非单纯地刷墙、贴瓷砖、铺地板、买家具就是装修。最能体现装修对于未来生活品质改善的，是家中的系统工程，这些系统工程可分成四个部分，即光、电、水、暖。

光，是照明。房间是否明亮、美观以及好用，很大程度上都取决于照明做得好不好。在装修时，不仅每个房间都应当按照度设置灯具，隐藏式照明也应精细化设计。

电，是水电改造的重点，还可细分为强电、弱电、开关、插座这几个细项。如果在装修时没改好电，在生活中就会遇到许多问题：为什么同时开两个空调就跳闸了？为什么在门厅弱电箱里放路由器，卧室总是收不到信号？为什么家里插座总是不够用？相信看完电系统一节，你就会成为水电改造的内行专家。

水，是水电改造的另一个重要环节。洗衣、洗澡、做饭都离不开水系统。通过装修，你可以获得更优质的水系统，对水压、水质以及上水线路进行改善。

暖，是暖通，也就是暖气、空调和通风的总称。究竟什么形式的暖通设备适合自己家？新风到底是什么？有空气净化器是不是就能替代了呢？在暖通系统一节中你将会得到解答。

如果不做好光、电、水、暖，一切生活品质都无从谈起。

房屋系统这篇可能会枯燥一些，但如果你坚持啃下来，一定能装出一个非常舒适的家！

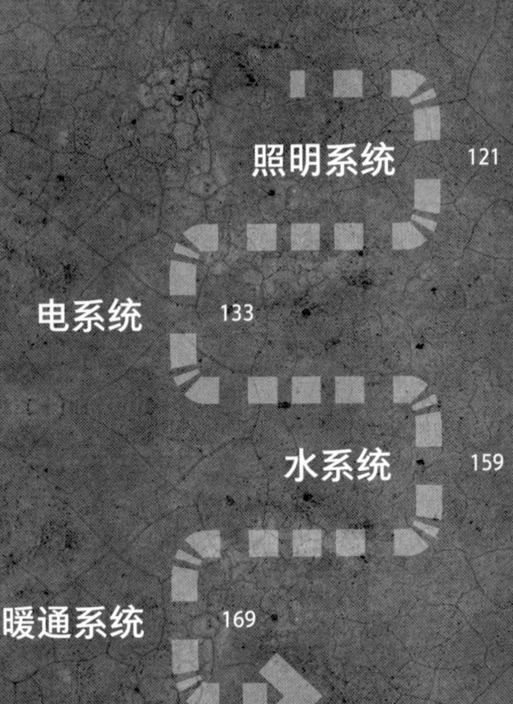

照明系统 ILLUMINATION

第 2 步 | 房屋系统

想必不少朋友以往装修房子的时候从来没考虑过照明、照度这回事。我见过不少人家的装修，客厅奇亮无比的吊灯、筒灯、天花灯一齐照射，而厨房里却幽暗到看不清炒菜的颜色，卫生间小吸顶灯一开，正好让脸部成了阴影，根本无法看清自己的脸。

这都是装修时把照明这一大系统完全忽略所导致的问题。

再跟大家说一个秘密：为什么网上的很多装修图片看起来那么好看？并不一定是他们把家具和布局做得如何出彩。让图片好看的真实原因大多是，他们的照明做得好。

照明设计好了立刻就会让你家的美观程度提升好几个档次，更别说精细的照明也会极大提升使用舒适度。毋庸置疑，照明系统是装修中最具性价比、最值得花心思设计的。

照明系统只需要考虑两点：照度以及照明位置的精细化布置。

照明系统 = 亮度设计 + 位置精细化

亮度设计

照明系统最重要的作用就是把家里照得足够亮，然而怎么才算亮呢？并非家中的灯越多越好，而是应当亮度合适，既不刺眼也不昏暗，让视觉效果和环境氛围恰到好处。

这时就需要进行亮度设计。

宜家灯泡包装盒

怎么进行亮度设计呢？首先要给大家引入光通量和照度两个概念（其实这都是初中物理课学过的知识，这里咱们再复习一遍）。

光通量：用来描述一个灯泡亮不亮，单位是 lm（流明）。100lm 灯泡是卧室床头灯亮度，200lm 灯泡是普通台灯亮度，400lm 是落地灯亮度，800lm 是吊灯亮度。通常灯泡的包装盒上都会标注该灯泡的流明数，可如果只标了瓦数没标流明怎么办？教你一个计算办法：LED 瓦数 × 100 ≈ 光通量。举个例子，一个 5w 的嵌灯，光通量约为 500lm。

照度：含义是 1 流明的光通量照在 $1m^2$ 面积的亮度，单位 lx（勒克斯），也写作 Lux。照度 = 光通量（lm）/ 被照面积（m^2）。受光面的照度越高，意味着受光面接受的流明数越高，房间越亮。概念是 50lx 可以看清，200lx 已经很亮，1000lx 以上通常是太阳光才能达到的照度。

知道了两个光学概念，怎么运用它们进行家里的照明设计呢？

照明设计方法：房间的面积乘以参考照度值就是房间所需要的灯泡流明数。举个例子，假如你家客厅 $20m^2$，通过下表我们知道客厅的参考照度为 150lx，那么客

买灯泡流明数的简单计算公式：
参考照度 × 房间面积 ≈ 房间所需流明数

房间	参考照度（lx）	面积（m^2）	所需流明（lm）
走廊	60		
卧室	80		
客厅餐厅门厅	150		
餐桌桌面	200		
厨房卫生间	200		
化妆镜前	400		
阅读桌面	500		

厅所需的流明数为 $20m^2 \times 150lx = 3000lm$，所以你家客厅照明一共需要的流明数为 3000lm。你可以买 8 个 300lm 的嵌灯，外加一个 600lm 的落地灯搞定客厅照明。

在装修时使用 122 页这张表，算好每个房间需要的流明数，再按照这个流明数来买灯。

知道如何对每个房间进行亮度设计后，我们就可以开始购买灯具，来填满房间所需的流明数。下面就来了解一下，灯具都有哪些类型。

现代家装最常见，用得最多的灯具莫过于嵌入式筒灯。而在客厅、厨房、走廊等长条形的房间，则常常见到轨道射灯的身影。落地灯、台灯的灯泡，往往用的是 E27 的球形灯泡。藏在柜子下、吊顶内起到漫反射式氛围照明作用的，通常是 LED 灯带。打开衣柜、拉开抽屉照亮内部的是内置照明条。

常见灯具类型

❶ 筒灯

筒灯还叫嵌灯、天花灯等，顾名思义就是嵌在吊顶上的灯具。是非常好的**隐藏照明**，照明于无形中，非常适合现代家装。没有吊顶的部位还可以使用“明装筒灯”。

❷ E27 灯泡

E 代表 Edison，就是爱迪生发明的螺口灯泡。27 代表螺口直径为 27mm。常说“拧灯泡”指的就是拧它，E27 卡口灯泡是最普遍的灯泡类型。

❸ E14 灯泡

同样是爱迪生螺口灯泡，E14 为 14mm 直径螺口，比 E27 细了不少。灯泡小亮度低，通常用于小型照明设备，如台灯使用。

❹ 轨道射灯

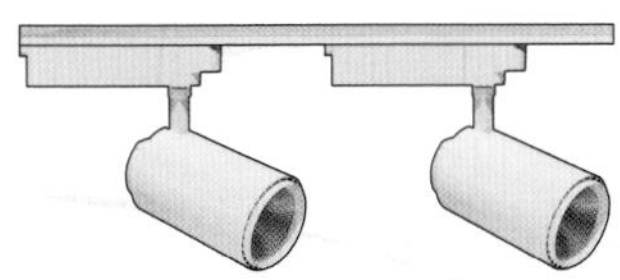

轨道射灯最初常见于商业店铺，因其极佳的照明效果和简约现代的外观，成为现代家装的新秀。它由一条整米数的轨道和几个即插即用的灯头组成。灯头可以按需求**随意插放**，在轨道上任意挪动，照射方向也可随意调整，非常好用。

❺ LED 灯带

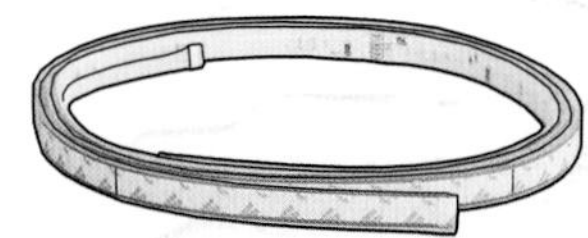

LED 灯带的用途非常广，是最适合**精细化**照明的灯具——可以放在厨房橱柜下、化妆台抽屉里、门厅鞋柜下、吊顶灯槽内等。它的优势在于长度灵活，可以按整米截取，用卡扣或双面胶固定于任何想要隐藏式照明的地方。

❻ 内置照明

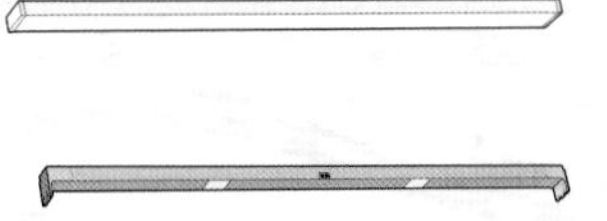

内置照明条，是能极大提升生活品质的灯具。它能照亮抽屉、衣柜这些需要寻找物品的地方。内置照明通过人体感应，挥手即开或开门自动亮。可算是**智能灯具**的一种，用起来方便贴心，极为推荐！

照明色温

色温单位是 K（开尔文），数值越低，光线越暖，数值越高，光线越冷。3000K 色温的光感非常温暖柔和，适合用来营造家中的温馨氛围。4000K 中性光的色彩真实，适合在化妆镜前、浴室镜前使用。而 6500K 色温因为具有蓝光强烈、氛围冷淡的特点，不推荐在家中使用。在多年前的老房子里还能见到 6000K 以上冷色的灯，现在住宅里普遍使用 3000K ~ 4000K 色温的暖白灯。

3000K 暖光	4000K 中性光	6500K 冷光 ✕
全部灯具都可使用	灶台上、镜子前用	老房子常见的色温

照明位置精细化设计

现代家装的照明位置应当精细化设计，在需要光线、需要气氛的地方放合适的灯具。在新装修的住宅里，非常不推荐每屋只装一个吸顶灯，因为吸顶灯不仅样子简陋，更无法满足我们生活中对于照明的精细需求，每屋一个吸顶灯只是满足了"家中有亮就行"的底线。

先要摆脱"房间有亮就行""一屋一灯口"的传统思维，才能做到照明精细化设计。

那么什么样的照明设计才算精细化设计呢？我们可以通过下表，做一个测试。3 分以上及格，6 分以上优秀，9 分以上精细级照明。

照明精细化测试题	打勾（满分 10）
1. 门厅进门有感应灯。一走进大门，玄关灯具自动照亮。	
2. 卧室床头有双控开关。睡前关灯无须起床走到门口。	
3. 衣柜内置感应灯条。打开柜门自动照亮衣柜和里面的衣物。	
4. 餐厅餐桌正上方吊灯。把餐桌菜肴照亮，令食欲都为之大振。	
5. 卫生间镜柜镜前灯。洗脸化妆时，脸部明亮清晰。	
6. 卫生间洗手池上方照明。照亮洗手池，让打理更轻松。	
7. 卫生间马桶感应夜灯。凌晨起夜时不再摸黑前行。	
8. 厨房吊柜底灯条。操作台面明亮无比，再不会切菜切到手。	
9. 厨房橱柜抽屉里感应灯条。寻找调料得心应手。	
10. 厨房水槽正上方照明。晚上洗碗洗菜更加方便。	

精细化照明首先要与家具摆放、空间布局协同设计。所以照明设计一定要在装修第一步空间布局之后进行。因为只有知道了餐厅的餐桌要买多大，放在哪里，才能确定餐厅吊灯灯口的准确位置；也只有知道了卧室衣柜摆在哪里，才能准确预埋电路以供衣柜内部的功能灯具使用；只有知道了厨房吊柜在哪里，才能准确预埋灯带灯线，为将来台面上方的照明条使用。

“灯不在亮，精细则灵”，照明可分为三类：**主光源**、**功能性光**和**氛围灯**。有品质的精致装修，这三类照明缺一不可。就算房屋布局得再怎么巧妙，如果没有精细的照明打光，也会缺少神韵和色彩。

照明可分为三类

主光源

最主要的照明光源，如餐厅的吊灯、客厅的吊顶嵌灯。

功能性光

照亮细节的必要灯具，如抽屉里、衣柜内部、镜子前方的照明光源，是最能改善生活品质的幕后功臣。

氛围灯

不是照明必要，只起到烘托氛围作用的灯具。如床头台灯、餐桌上的烛光、柜子下部的灯条、装饰展品前的射灯等。

问：所谓主光源就是主灯吗？

答：主光源指的并不一定是一盏居中的主灯。它是照亮房间的主要光源，常常由几个乃至十几个分散的小嵌灯构成。

当下流行的主流装修照明做法是取消主灯，即“无主灯设计”，由嵌入式灯具和轨道射灯共同构成房间的主光源，其他部位再使用功能性灯具和氛围灯进一步精细照明。

通常在装修中，只有餐桌上方和床头柜上方可以使用造型吊灯，其余地方都争取将灯具隐藏，让家里**亮于无形**之中。

各房间照明详解

门厅照明

门厅照明最容易出彩的设计便是入口处的感应灯光，在门口设置人体红外感应开关即可实现。在吊柜底放一个射灯，与主光源用同一个开关联动控制，开灯时也同时照亮柜子台面。

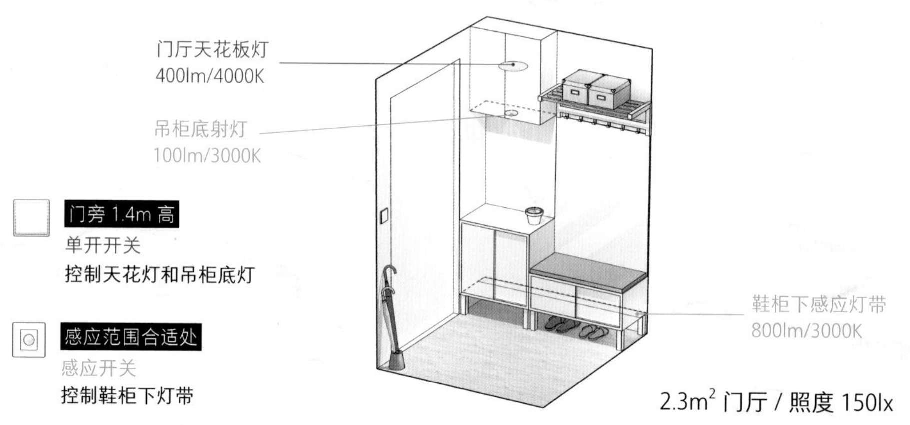

厨房照明

厨房是全屋最具功能性的房间，所以在照明的需求上也远比客厅要高，是最需要精细化设计的房间。完成厨房布局设计只算成功了一半，只有厨房照明设计完毕才算真真正正地完成了厨房设计。每个台面、水槽、灶台上乃至每个抽屉和柜子里都应该有照明。

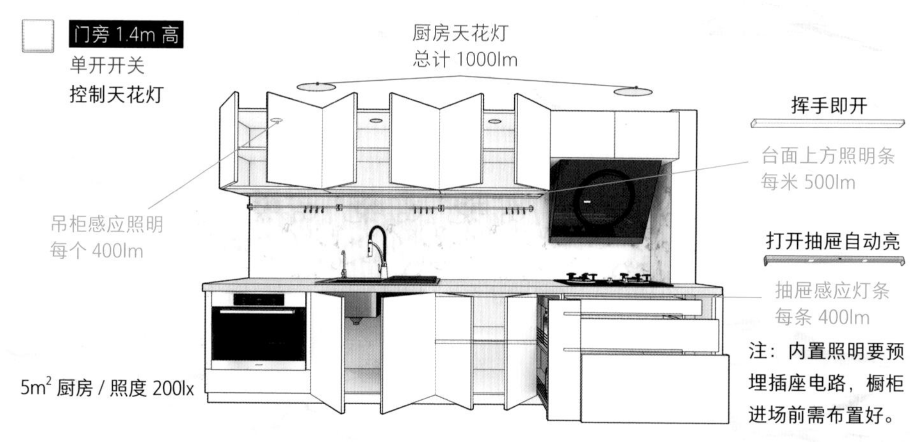

卫生间照明

洗手池和镜子是卫生间照明设计的重点对象。这面镜子不仅要在刷牙洗脸时使用，还可能是化妆镜，所以一定要有一盏镜前灯（4000K 色温，色彩才真实）。马桶区放一个低亮度的人体感应夜灯，起夜上厕所不会被强光刺激。

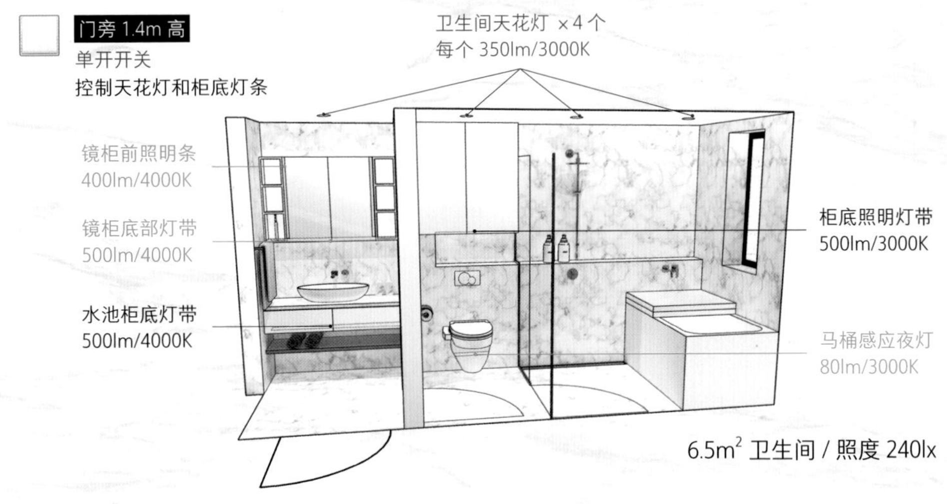

餐厅照明

餐厅照明设计的关键是要确定餐桌位置，在桌子中心点正上方预留吊顶灯口，所以在装修水电改造前，餐桌就需要确定下来。别忘了餐边柜、吊柜底也要布置照明。

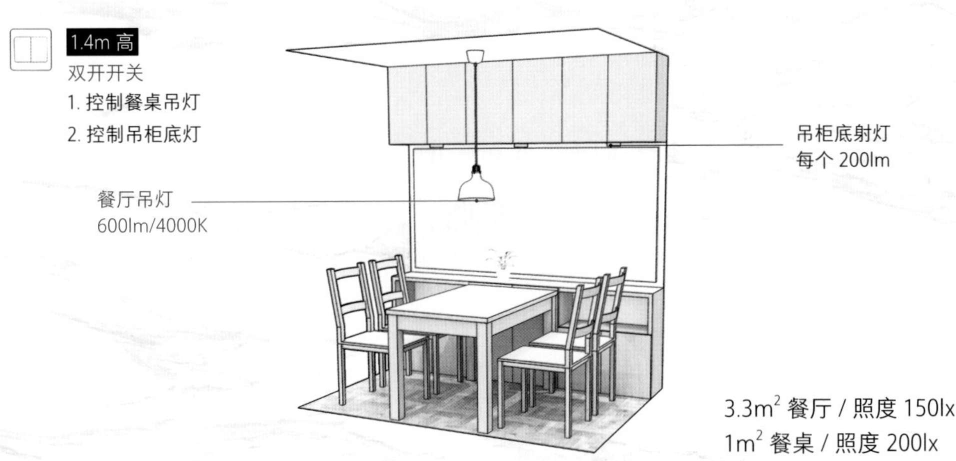

客厅照明

客厅照明要摒弃造型灯池、水晶灯等浮华的照明手法。建议使用天花嵌灯、吊顶洗墙灯条这些隐藏灯具的做法。在客厅看书、看电视的时候，未必需要用到主光源，一盏落地灯是最合适不过的温馨选择。最后再用一些内置照明点缀，细腻精致的照明氛围就做出来了。

卧室照明

卧室可以不设主灯，这是现代装修的新派做法——卧室照明开关只控制床头柜照明条（以及地台床的床底照明条）。剩下全部用台灯、落地灯等光源照明，这让卧室显得温馨私密。记得把所有的柜子、抽屉都加上内置照明，卧室的照明设计才算完成。

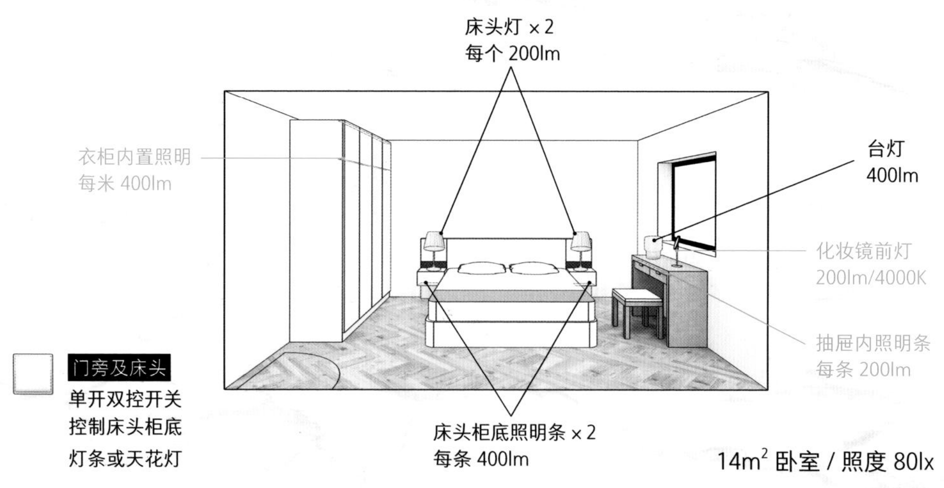

阳台家务区照明

照明设计中最容易忽略的房间就是阳台。如果将阳台当作家务区来做，那么这里的灯具精细程度并不亚于厨房。阳台的柜子和抽屉里可能存放着一年半载才会用到一次的工具（比如手电筒、螺丝刀），最需要有明亮的照明协助寻找。如果在打开抽屉的瞬间，抽屉里的感应灯条自动亮起，就会让人感到顺心之极。而天花灯位置也别忘了设置一盏能够直接照亮洗衣机区域的嵌灯，这样才不会洗完衣服在滚筒里遗落衣物。

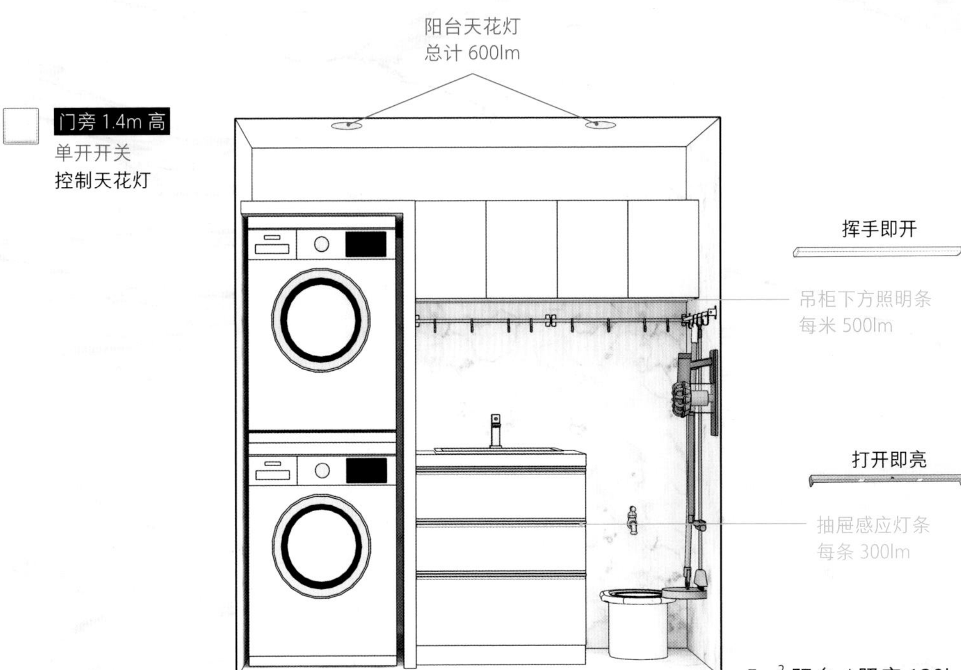

第 2 步 | 房屋系统

照明案例

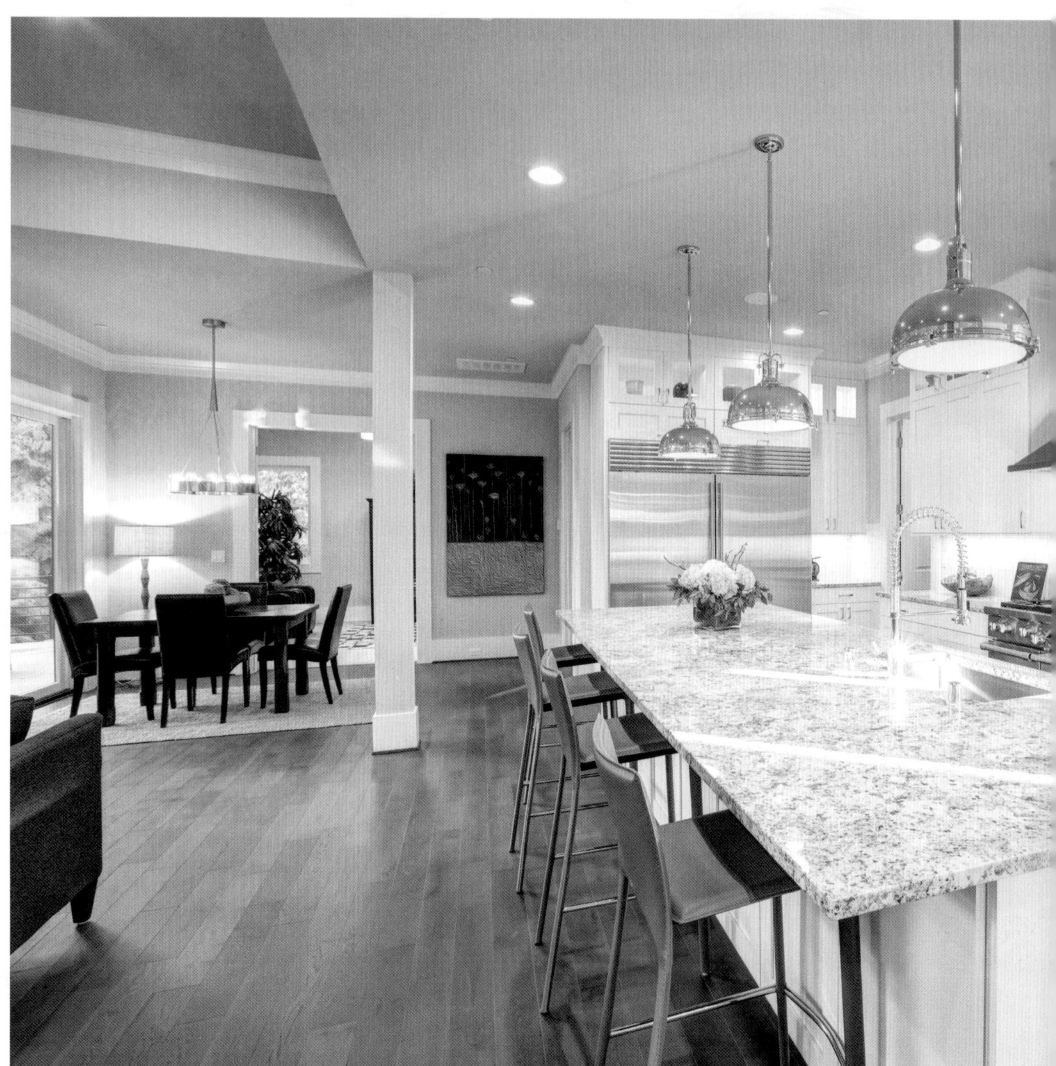

整屋的精细化照明设计

洗脸池照明要充足，别忘了色温 4000K

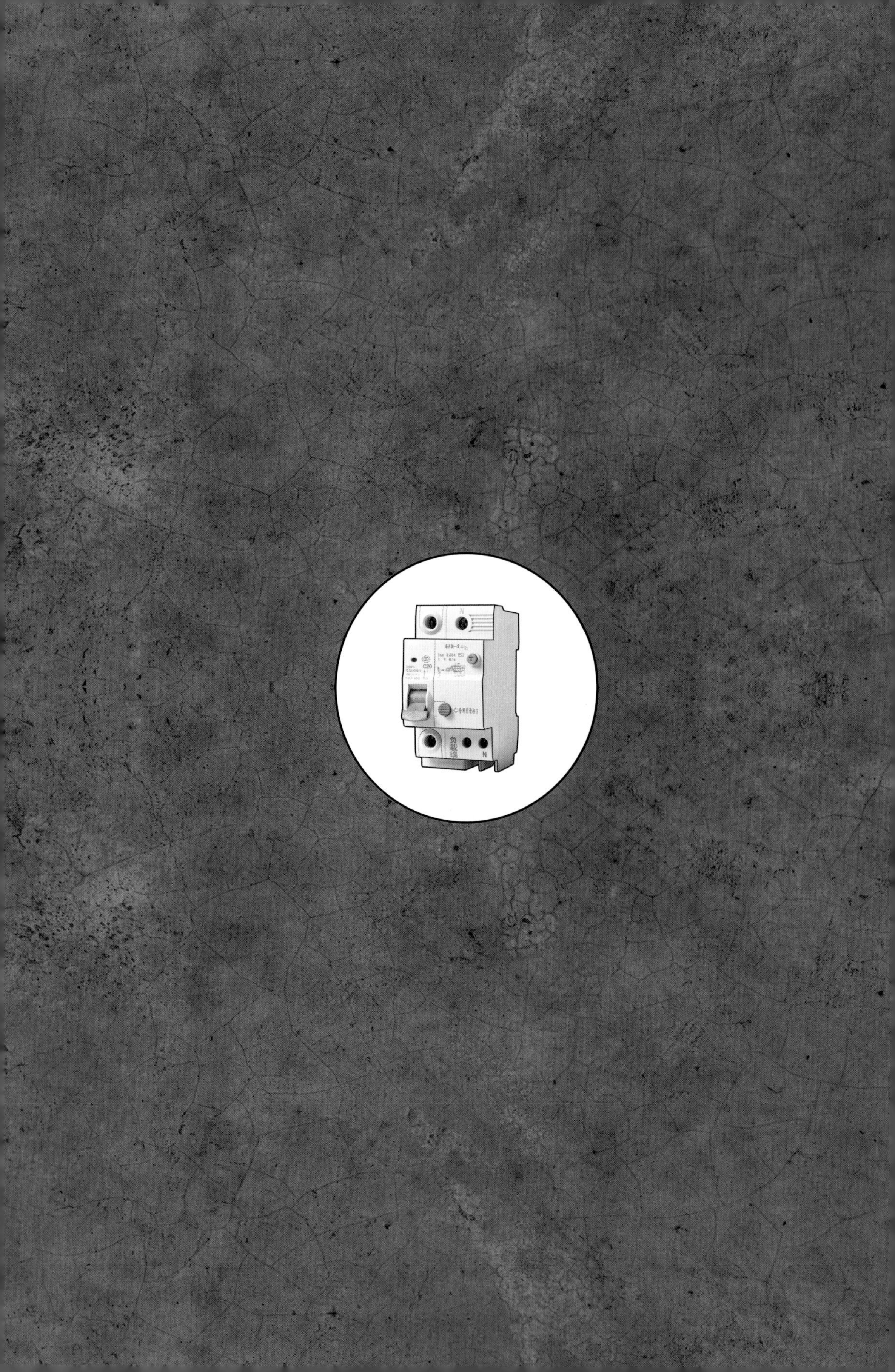
N
C20
负载端
N

电系统　ELECTRICITY

第 2 步｜房屋系统

装修哪里都可以省，唯独电不能省。电系统分为两个部分，强电和弱电。

电系统 = 强电 + 弱电

强电中单单是确定插座的位置，都值得细细琢磨几天：想在衣柜里安装感应灯条，那么在衣柜后方就要预留插座；厨房水槽下的橱柜里只留一个插座可远远不够，净水机、垃圾处理器、软水机、小厨宝和洗碗机统统都要用到插座。可布置插座开关的位置还只是强电系统中最表面的一步，要进行进一步电改造，你还应该知道如何改良强电箱里的空气开关和回路安排，以及装修中电线应该选择多粗的。

弱电是电系统的另一大环节。网络、电视、电话相关的信号线，都属于弱电范畴。现在已经步入信息化时代了，弱电比以往更需要你在装修时充分考虑，精心安排。

可一说到电，恐怕不少同学就联想到了中学时代最折磨人的物理学习，电压、电流、电阻还有各种左右手螺旋定则，大呼“头晕”。其实家庭装修里的电不需要那么复杂，你只需要大概了解几个概念，控制好几个关键部件的品质，即可打造出优质的电系统。

强电

并不是只要家里的插座够用，用电就足够了，首先要考虑的是电荷载。现在家庭里的用电荷载量只会越来越大，虽然灯泡和电视用了LED技术减少了许多功耗，但很多方面的用电量都在指数化增加——厨房用上了600W的垃圾处理器、1900W的洗碗机、3100W的微蒸烤箱。本不需要多少电的卫生间现在装上了即时加热1100W的智能马桶圈、2500W的多合一浴霸、1500W的洗衣烘干一体机。打扫卫生的用具也在电器化：笤帚换成了1300W的吸尘器，连墩布也换成了1200W的蒸汽拖把。将来门、窗、窗帘甚至家具都将会智能化，都将需要接插座。

若没考虑电器的荷载问题，装修完房子就可能发生这样的尴尬场景：乔迁新居的第一个周末，老公正在用吸尘器打扫卫生，孩子放学归来刚洗完澡吹着头发，洗衣机洗着攒了一周的脏衣服，女主人烧水做饭，打算给全家做一顿大餐，结果一拧电烤箱的开关，跳闸了。

所以我们在装修时，绝不能轻视未来的用电，将跳闸（过载）的隐患在水电改造时消灭。

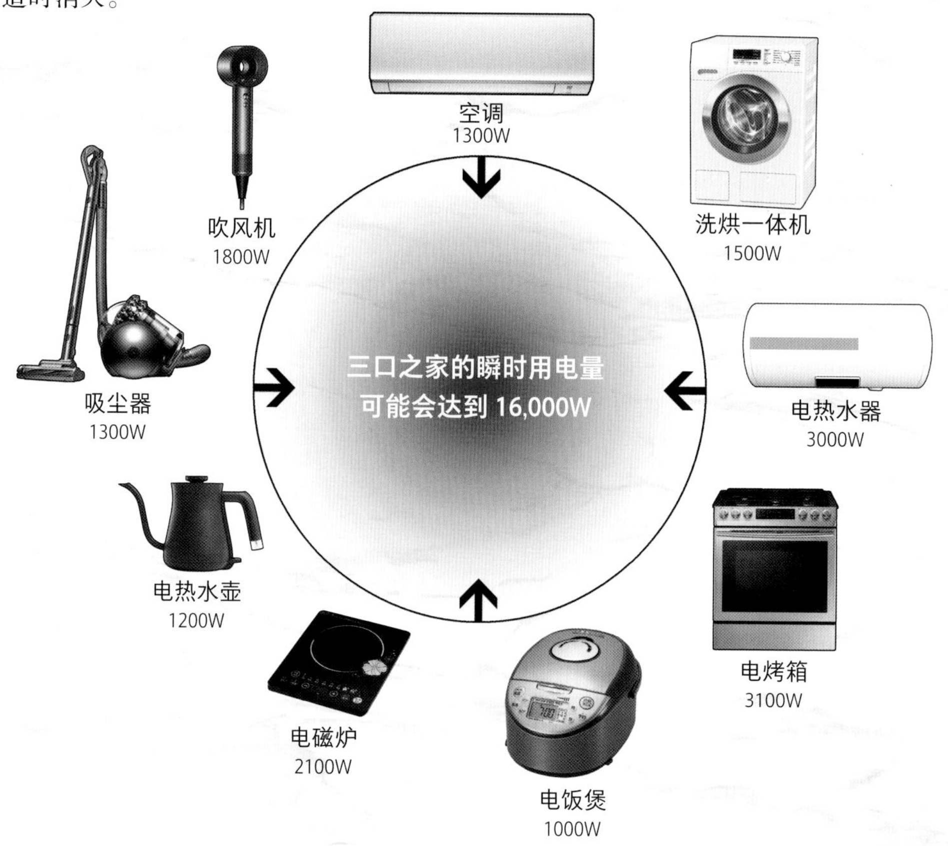

强电改造的最大目的，就是为了用电便利和安全。所谓强电，指的就是 220V 的交流电，是生活中绝大多数电器包括照明的动力源。强电改造环节需要考虑这三点：**电线粗细**、强电箱的**配电设计**、**插座位置**。只要这三点设计好，你家的强电部分就算搞定了。

要知道强电怎么设计，首先要弄清电器的功率，单位是 W（瓦），功率越大的电器耗电越多。常见家电的功率：冰箱 60W、电视 200W、壁挂式空调 1300W、电热水器 3000W。

然后再弄清这些电器功率背后的电流是多少，单位是 A（安），回忆一下初中物理课的知识：U（电压）× I（电流）= P（功率），已知电压是 220V，已知功率，就可以算出这个家电需要的电流是多少。所以冰箱所需的电流为 60/220 ≈ 0.3A，电视所需电流 200/220 ≈ 1A，壁挂式空调的电流为 1300/220 ≈ 6A，电热水器的电流为 3000/220 ≈ 14A。

为什么要计算出这些电流？因为电流决定了电线的粗细。还记得这个公式吗？Q（热量）= I^2（电流）× R（电阻）× t（时间）。电流越大，电线的热量会指数般增大，如果电线过热会损坏电器，甚至会使线材燃烧发生火灾危险。那么，我们就要尽量减小电线发热量。减小电线发热量的最有效方式便是使用更粗的电线（减小电阻）。知道了以上这些原理，就可以让强电里最重要的组成部分——电线，出场了！

电线

为什么说电线是强电中最重要的部分？因为强电箱里的空气开关，就是为了保护电线（不过热走火）才存在的。而水电改造中常用的金属线管也是为了电线的散热和阻燃而存在的。所以说电线才是电系统中的真正主角。

电线：通常是铜芯，截面积单位为**平方毫米**，简称“**平**”，电线分为 1.5 平、2.5 平、4 平、6 平、10 平等几种粗细型号。型号越大电线截面积越大，电阻越小，能承载的电流也就越大。1.5 平电线最大允许电流为 12A，2.5 平电线最大允许电流为 19A，4 平线最大允许电流为 28A。（具体详见下一页表格）

买线的时候还会常见到两种标识：一种叫 **BV**，指的是铜芯单芯硬线，这种实心硬线多用于家装，字母后面会接有数字，如 BV2.5、BV4 等，指的是电线截面积多少平。还有一种电线叫 BVR，指的是多芯软线，通常家装少见。

那么，我们在装修水电改造时，电线怎么选呢？我的建议是，至少 BV2.5 起，厨房卫生间等大功率电器较多的房间，应当更粗，至少用 4 平线。并且可以多设置几条回路（什么叫回路，详见下一页）来分摊用电量。

空气开关

强电里另一个重要部件——空气开关，简称空开，也叫作断路器。家里电器短路或负荷过载时跳闸的东西，就是它。空气开关通常隐藏在家里的强电箱内，它存在的意义是保护电线：当连接空开的电线荷载电流过大时，为了防止电线过热，空开就通过跳闸的方式切断这条回路。

空气开关有极数之分，极数分为1P、2P、3P，极数具体有什么区别你并不需要知道，电工会替你用合适的。

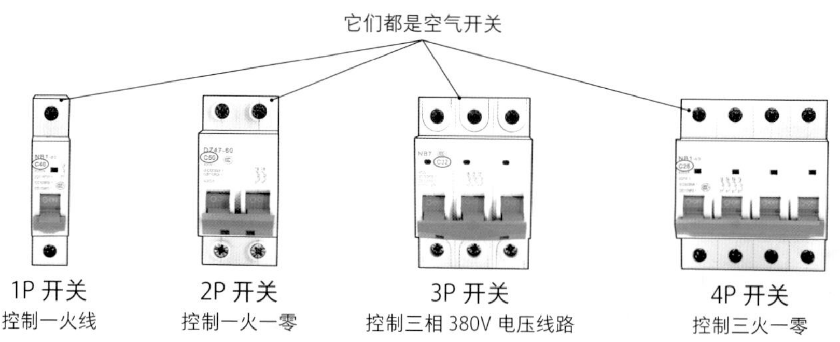

你只需知道长成上面这四个样子的东西，都叫作空气开关就行了。下面真正需要你理解的，是两个概念：一个是回路，另一个是型号。

回路：由**一个空气开关所控制**的一条电路，叫作一回路，也称一回。在这一回路里，这个空气开关控制且只能控制这一条线路中的电器，而控制不了其他回路里的电器，比如通常全屋的照明是一条回路，由一个空气开关控制。而一个空调是一个回路，也由一个空气开关单独控制。为什么要分很多条回路？其目的在于把用电房间和用电量细分。比如在换灯具的时候只需关闭照明回路就可以；不用空调的时候可以单独把空调的回路关闭；如果家里厨房电器实在太多，用电量太大，多设置几条回路分摊一下就好了，例如烤箱就可以单独走一条回路。

型号：空气开关上都会标注：C16、C25、C40、C63等，数值指的是最高负荷的安培数（A），比如一个C16能承载总计16A的电流，过载就会自动跳闸（以保护电线）。空气开关的型号怎么选？要用该回路电线的粗细，来决定该回路空气开关的型号，确保空气开关的型号低于电线所能承受的最高限度。具体搭配详见下表：

电线空气开关搭配表

电线截面积	1.5平	2.5平	4平	6平	10平	16平	25平
最大允许电流	12A	19A	28A	35A	48A	65A	90A
搭配空气开关	C10	C16	C25	C32	C40	C63	C80

千万不要单独“升级”空气开关

空气开关存在的目的是保护电线，所以单独“升级”空气开关是不对的，要升级就应当连同回路中的电线一起升级。如果电线还是以前的细电线，只是把空气开关换成了更大型号，只可能导致电线过热时空气开关不会有任何反应，丧失了跳闸保护的能力，从而引发用电危险。

所以空气开关的最大电流一定要小于电线所能承受的最大电流。2.5 平的线就只能配 C16 空开而不可以是更大的型号；4 平电线只能配 C25 的空开，而不能是 C40；而若入户线是 10 平则应该用 C40 作为总开关，不能选择更大的 C63。

豪华款空气开关——漏电保护器

另外还有一种长得比较大的空气开关，叫作漏电断路器，也叫漏电保护器（简称漏保）。一般用于控制有水房间的电路，如果遇到电器漏电，它也能迅速跳闸，不再仅仅是电流过载才会跳闸。

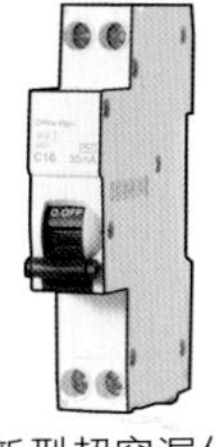
新型超窄漏保

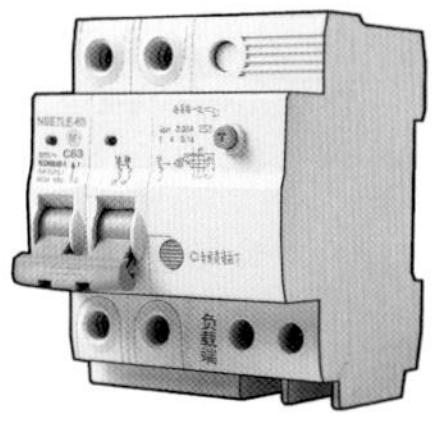
传统漏电断路器

它通常用于厨房、卫生间、阳台家务区等房间的插座回路。可以理解为高级一点（多了漏电保护功能）的空气开关。漏电断路器比空气开关贵很多，而功能上只比空气开关多了一个漏电跳闸，不差钱的朋友可以把所有空气开关都换成漏电断路器。而想节省成本的朋友，只在厨房、卫生间等有水房间用上漏电断路器即可。

传统的漏保通常体积巨大，非常占用强电箱的空间。最近有些顶级品牌推出了新型漏保，非常小巧，只占用一位，是节省电箱空间的很好选择。

浪涌保护器

这个没有操作手柄（扳手）的空气开关是浪涌保护器，也叫作防雷器（SPD）。以前父母总告诉我们：“雷雨天不要开电视。”就是怕打雷的瞬时极大电压的电磁脉冲损坏家里的宝贝电视机。旧时的房屋质量不好，这种担忧可以理解，到了现在还需要防雷吗？这要分情况考虑：

小区遭雷击的可能性较低，并且小区单元的配电箱中通常已经安装了防雷器，那么自己家的入户配电箱就没必要再单独安装 SPD 了。

而如果是独栋别墅，方圆多少米之内只有自己这一栋房子，那么建议占用自家几个配电箱的位置来装浪涌保护器。

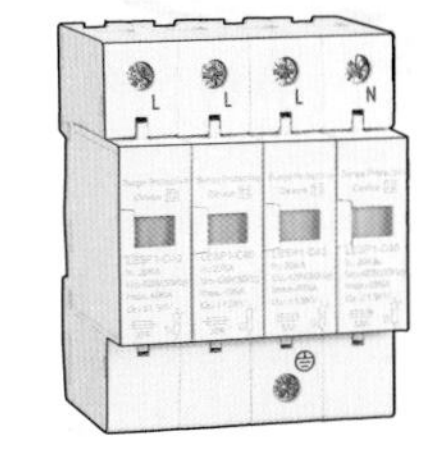

浪涌保护器

配电设计总表

强电里最重要的表格，请仔细列出家里所有电器，然后交给水电师傅按照此表进行配电设计。

房间	电器	功耗 (W)	电流	回路	电线 / 插座	空气开关
全屋	照明灯具	500	2.3A	照明	2.5 平	C16
	中央空调	2000 ~ 6000	9A ~ 27A	中央空调	按厂家要求	按厂家要求
	电地暖	120/m²	按需	电地暖	按厂家要求	按厂家要求
厨房	冰箱	60	0.3A	厨房插座	4 平	C25 漏电保护器
	微波炉	1300	6A			
	电饭煲	1000	4.5A			
	抽油烟机	200	1A			
	面包机	950	4.3A			
	电热水壶	1800	8.2A			
	洗碗机	1900	8.6A			
	电磁炉	2100	9.5A			
	净水机	50	0.3A			
	垃圾处理器	600	2.7A			
	榨汁机	1500	6.8A			
	厨房空调	1400	6.4A			
	意式咖啡机	2500	11.4A	厨一咖啡机	4 平 /16A 插座	C25
	烤箱	3100	14A	厨一烤箱	4 平 /16A 插座	C25
卫生间	吹风机	1800	8.2A	卫生间插座	4 平	C25 漏电保护器
	即热式卫洗丽	1100	5A			
	多合一浴霸	2500	11.4A			
	电热水器	3000	13.6A	卫-热水器	4 平 /16A 插座	C25
其他	电视	200	1A	插座	4 平	C25
	电脑	300	1.4A			
	洗衣机	1500	6.8A			
	吸尘器	1300	5.9A			
	挂烫机	2000	9.1A			
	暖风机	2000	9.1A			
	除湿机	650	3A			
	家庭影院	1000	4.5A	音响	4 平	C25
	分体式空调 ×3	1300 ×3	6A ×3	空调 ×3	4 平 16A 插座 ×3	C25 ×3

配电箱

配电箱是用来安装空气开关的盒子，通常是金属做的灰盒子。现在也有更简约现代的款式可供选择。配电箱重点要考虑的不是外观，而是尺寸。配电箱的尺寸单位是位（也叫回路），每一位能放下一个 1P 空气开关，常见 4 ~ 36 位的配电箱，位越多配电箱越大，能放下的空气开关也就越多，建议选购和自己家配电设计匹配的配电箱，不要太大也不要过小。

基本版配电设计

最普通的配电箱，要用到 10 位以上的配电箱。可以看作是左边表格的简化版。

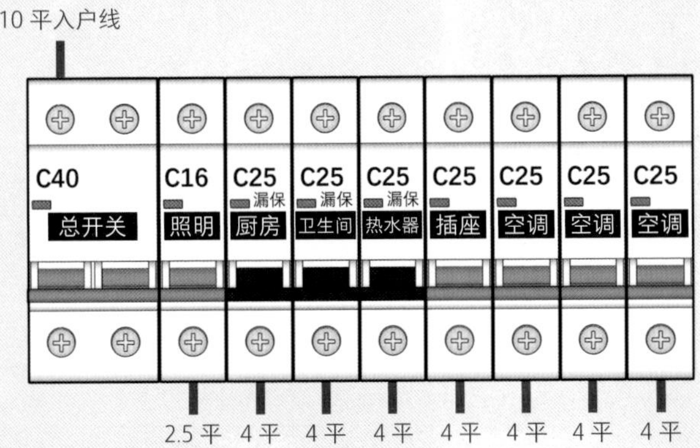

豪华版配电设计

豪华版和基本版的主要区别在于细分出更多专用电器回路，大约需要 20 位的配电箱。配电豪华不豪华，不在于家里的面积大不大，而是取决于你对电器的需求。

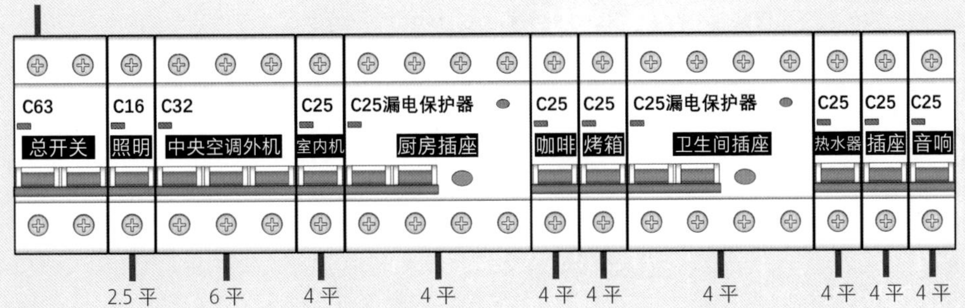

开关插座

强电的最后环节，也到了最显而易见的部分：开关和插座。下面是几种常见的插座：

五孔插座
大多数房间

带 USB 的插座
床头、桌子旁

带独立开关的插座
厨房、洗衣机

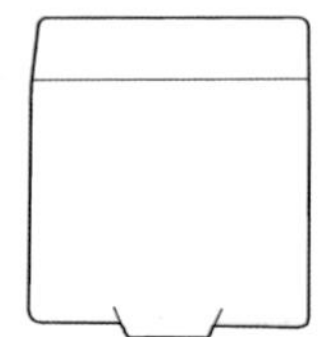

带防水盖的插座
卫生间、洗衣机

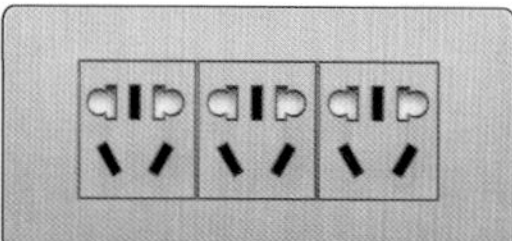

十五孔插座
厨房、客厅、餐厅

地插
餐厅电磁炉、客厅投影仪、SOHO 办公桌下

16A 插座
超大功率电器

插座按电流又可分为两类：普通 10A 和 16A。

平时常见的插座都是 10A 的，只允许合计最大功率 2200W 的电器使用。

而有些超大功率电器（比如空调、地暖、热水器、浴霸、烤箱、意式咖啡机）的电线会更粗，插头的铁片也会更粗，普通 10A 插座根本插不进去，而如果用转接头转接到普通插座上，绝对是违规操作，会有走火的危险。一定要记得给超大功率电器配专门的 16A 的插座。

开关，主要是用于控制照明的。分为：单开、双开，单开双控、双开双控、感光开关。

所谓单控是一个开关控制一盏灯，而双控是两个开关都可以控制同一盏灯，如床头和卧室门口适合双控开关。

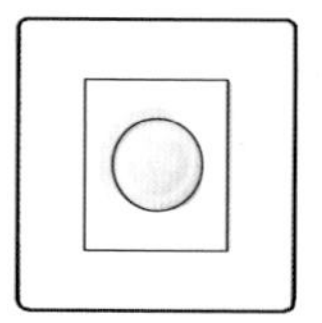

人体感应开关

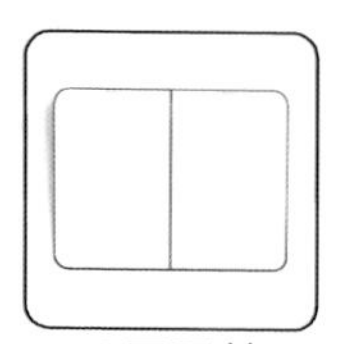

双开开关

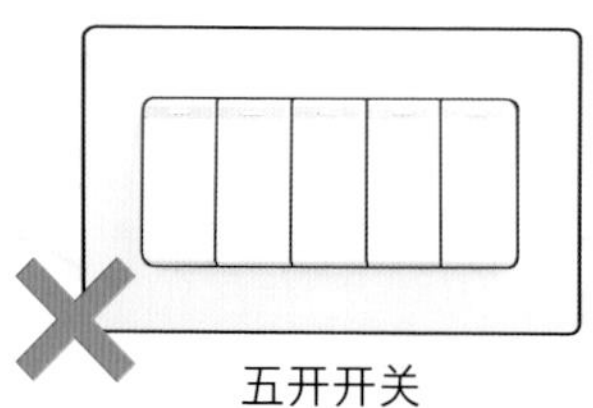

五开开关

不建议使用四开甚至更多开的开关，尤其是在客厅、餐厅这些公共空间。过于繁杂的照明开关设置会让自己和家人用起来非常不方便。

建议的做法是：**精简开关数量**。争取做到每个房间的灯可以多、照明可以精细化，但开关绝对不要太多。

开关插座布置

图例
开关
插座

门厅

门厅开关分两个，既有回家自动照明的感应开关，又有手动控制的开关。别忘了在门厅里预留插座，方便电器使用。

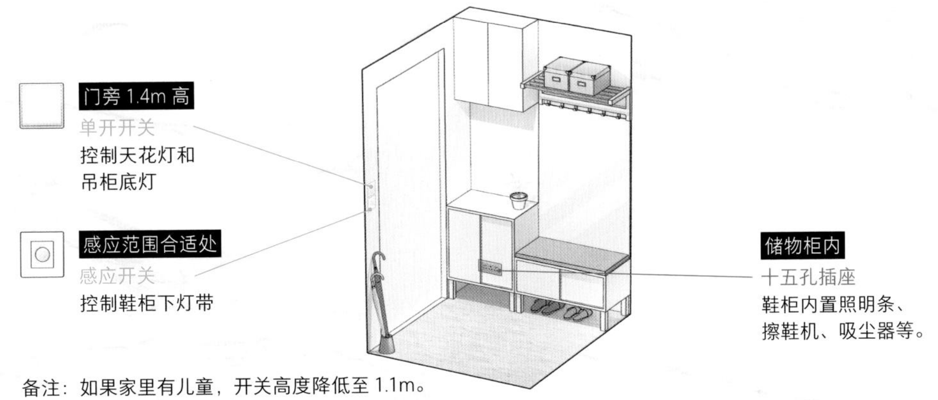

备注：如果家里有儿童，开关高度降低至 1.1m。

厨房

厨房插座不能少，上中下三段最好都预埋插座，并且要有 16A 插座供大功率电器使用。

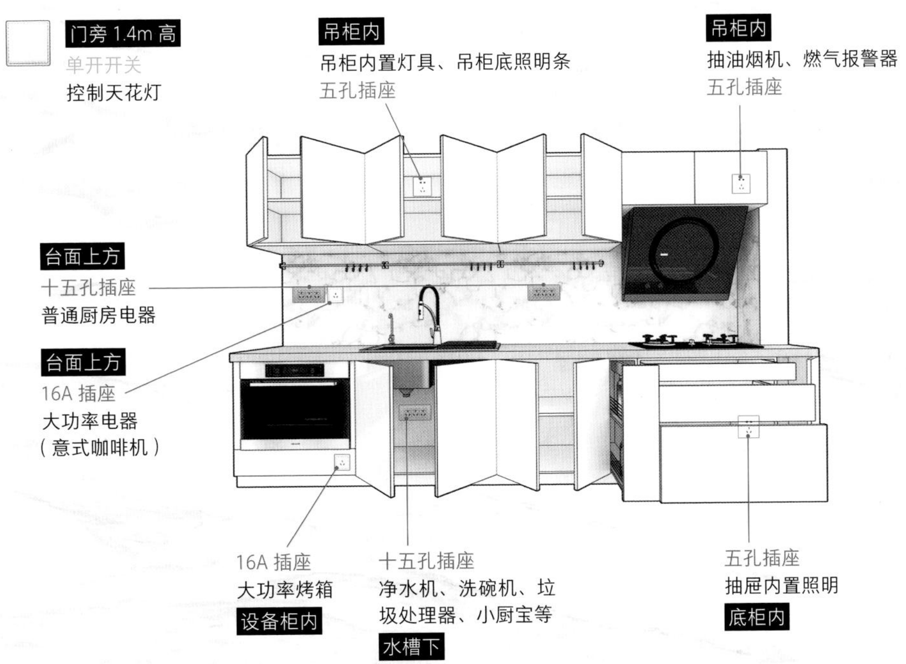

卫生间

卫生间的电器虽都是小件，可数量一点也不比厨房少，只有精细化的电布置才能用得舒服顺手。

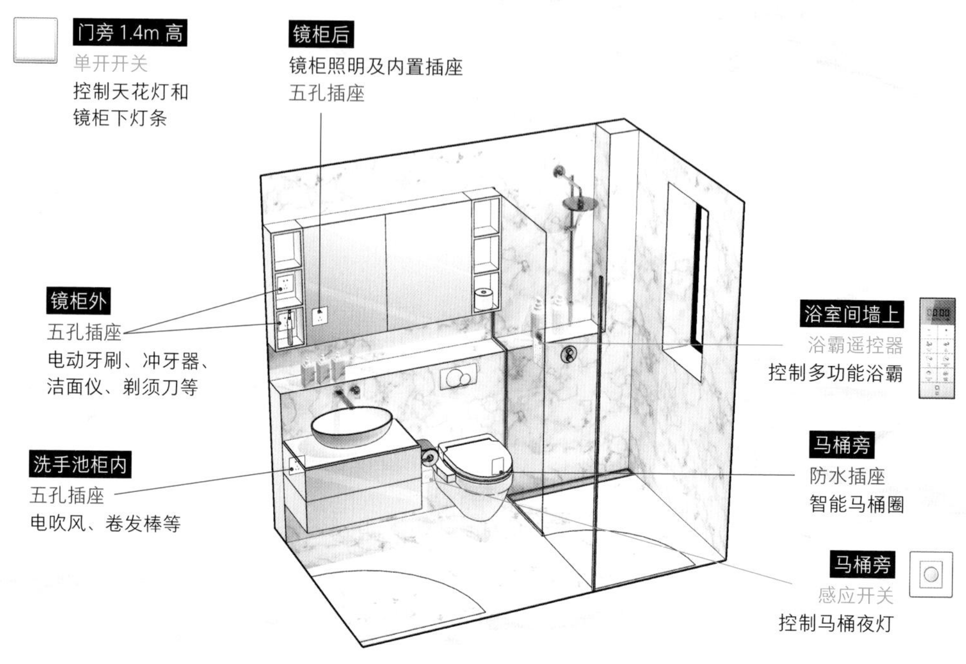

餐厅

餐厅只设置一个插座可不够，餐厅会用到的电器有：电磁炉、微波炉、热水壶、面包机等。

客厅

客厅灯具开关要精简，一个双开开关即可。客厅插座却绝不能少，除了房间四角默认布置的插座之外，还应在电视柜内多设置几个插座，以便使用影音电器、网络设备等。

备注：如果电视柜有背板，则插座应该留在电视柜上方（45cm 高），而不要被柜体挡住。

卧室

除了卧室默认部位的插座，还应该着意在床头附近布置开关和插座。另外别忘了衣柜内置照明条也要用电，建议在放衣柜的地方，预留一个插座。

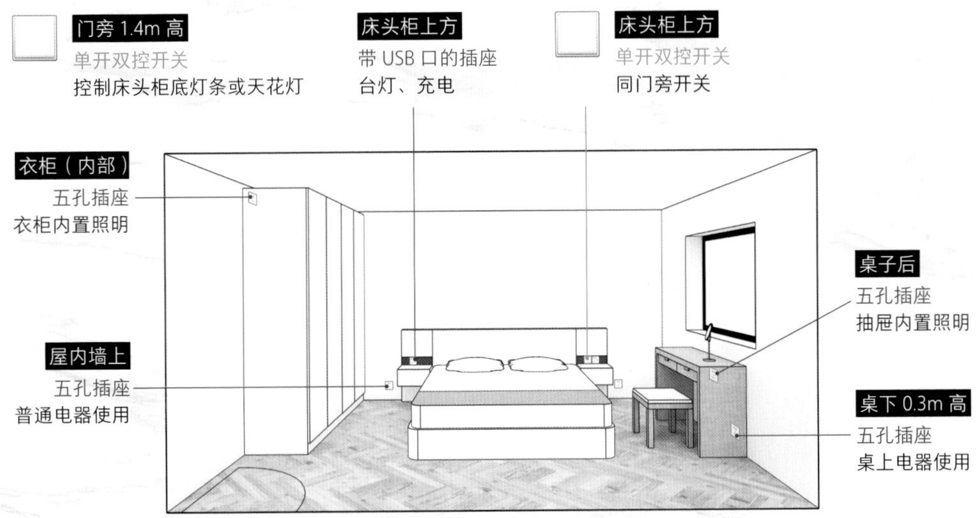

阳台家务区

承担家务功能的房间，电器设备一定不会少。把阳台的家务区当成厨房来做就可以了。凡是柜子内都应该有照明，侧墙上也应该有十五孔插座用来供家务电器使用，另外别忘了给洗衣机预留插座。只有精细化、人性化的插座布置，才能让家里电器用起来得心应手。

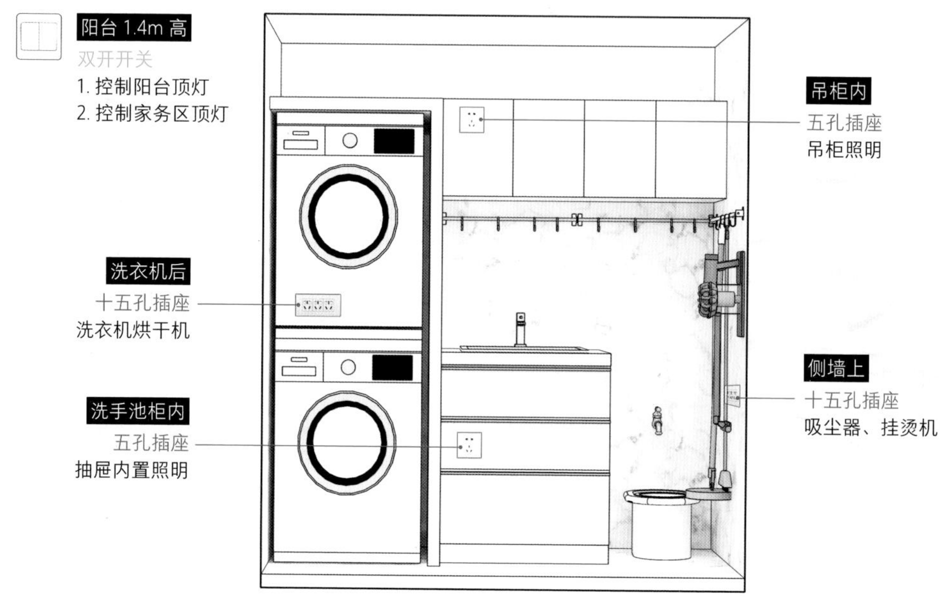

强电案例

厨房插座一定不能少，台面上、橱柜里都要设置

洗脸池区域的插座布置也极其重要

弱电

信号的传输靠弱电

强电说完，让我们进入电系统的第二个部分——弱电。弱电指的是电压数较小（36V 安全电压以下）的直流电路，现在应用在信号传输领域。一百多年前曾有过一场著名的电流大战，对阵双方分别是以爱迪生为代表的直流电，和以特斯拉为代表的交流电。

直流电 DC

1893

交流电 AC

这场战争最终以主推交流电的特斯拉的胜利而告终，使得交流电（220V 强电）成为现在家庭电力主要能量来源，即负责传输动力能源。

而爱迪生的直流电也并没有彻底消失，由于它更安全稳定，更适合传输信息和信号。所以，通常用直流弱电来传输信号。

在装修中，与弱电相关的材料非常繁多而且精密，十分考验水电工的技术水平。光是线材就有电视信号线、网络网线、电话线、连接电视的 HDMI、USB 线，连接音响的喇叭线、光纤线等。

用一句话来概括弱电到底是什么，那就是：弱到一般电不死人，用来传输信号的电，叫作弱电。

弱电在几年前的装修中并不被看重，通常都是建筑自带的一个小小的弱电箱，里面放个插座。但现在人们对于网络、电视以及音响的要求越来越高，弱电成为装修中非常重要的环节。

弱电

=

弱到一般电不死人，用来传输信号的电。

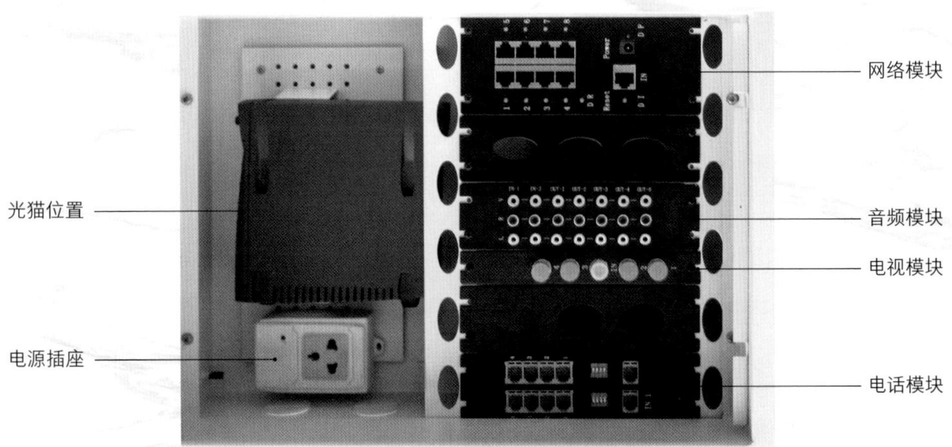

家里的弱电箱，里面通常是这个样子

网络

网络毋庸置疑是弱电系统中最为重要的组成部分。家里弱电箱至少一半的空间都是为网络设备做准备的。网络速度好不好、信号强不强，与家里的生活品质息息相关。

网络带宽单位：大写 **M**，全称 Mbps（兆比特每秒），这是衡量网络带宽的单位，可不是下载速度，单位换算为：带宽 100M = 下载速度 12.5MB/s（MByte/s 兆字节每秒）。家庭用户常办的宽带网络通常带宽都是 50M、100M、200M、300M、500M 等。

弱电线路也和强电中的电线一样，是非常需要注意用料的，因为这关乎信号传输的质量和速度。以我家为例，2015 年家里升级成了光纤 500M 宽带，可生生是因为多年前装修队默认给埋的是三四类网线，导致家里的上网速度最高只能达到 100M，下载速度卡在 12MB/s 无法提升。最后通过引一根长长的超五类网线，用明线的方式穿过了客厅餐厅，拉到我的书房，才终于得以享受到 500M 带宽飞一般的速度。

如今网络发展速度非常迅猛，从最初的电话线拨号上网发展到 2010 年 8M 的 ADSL 用了十年，而从 8M 的 ADSL 到 100M 光纤只用了不到 5 年，现在 500M 乃至千兆宽带都随处可见。相信再过几年，家里如果不是用的万兆网络，都带不动新出的 AI 机器人了。所以一定要预埋规格高一些的网线，至少要超五类，条件好追求高的朋友可以选择超六类，为次世代做准备。

网线的选购

在装修的水电改造中，网线一定要预埋好一些的，因为这将直接决定将来你家的网络速度。

网线的型号叫作“类”，我们通常说几类网线，比如五类（CAT5）、超五类（CAT5e）、六类（CAT6）等。网线的类数越高，速度越快，线材也越粗。可以通过网线的外皮标识，来辨认是几类网线。

网线类别：	**三类四类五类**	**超五类**	**六类**	**超六类**
外皮标识：	CAT3、4、5	CAT5e	CAT6	CAT6e

速度上限：	≤ 100M	1000M	1000M	10,000M
内部特征：	≤ 8 根芯线	8 根芯线（8 股线）	中间有十字骨架	芯线比六类更粗
适用范围：	**已被淘汰**	**家用底线**	**高端用户**	**未来前瞻**

网络的木桶效应

网络有着木桶效应——最终上网速度取决于整个线路最弱的那段。所以整条网络线路的全部设备都要提升到同一个档次：仅仅是墙内墙外的网线用了超五类还不够，水晶头、网口面板也要超五类、电脑的网络接口（网络适配器）也需要在控制面板中调成千兆，无线路由器也需要是支持5G Wi-Fi的千兆路由器、电脑的无线网卡（Wi-Fi适配器）自然也得是支持5G的千兆网卡。只有当这一系列设备都达成千兆，才能开启拥有飞一般速度的家庭网络系统。

统一规格的网络线路

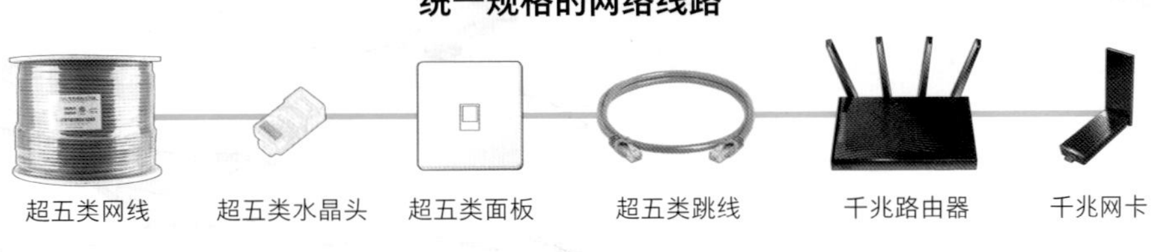

备注：

1. 跳线：指的是网线两端已经接好水晶头，短米数（通常1～3m）的成品网线。与跳线相对的是箱装百米网线线材。
2. 如果电脑用的是windows8及以下版本系统，需要在控制面板中进行设置才能开启千兆，否则默认为百兆。

就算家里只办了20M的宽带，上网够用了。那也不意味着完全不需要提高家里网络线路的档次，因为还可以通过全千兆网路提升内网的速度。外网内网又是什么意思呢？

外网指的是连接外部的互联网。上网、下载、玩网游靠的是外网。

内网指的是局域网。也就是家庭内部设备相互连接的网络。比如把手机屏幕镜像到电视、使用无线打印机、文件共享传输靠的是内网。

内网速度如果够快（达到千兆），你就可以使用NAS网络存储，在家的任何角落用手机、电脑、电视读取NAS硬盘中的照片和电影，并且画面毫无卡顿；你还可以毫无延迟地把手机屏幕镜像投射到智能电视上；两台电脑互相传文件的速度就如在同一台电脑一般。

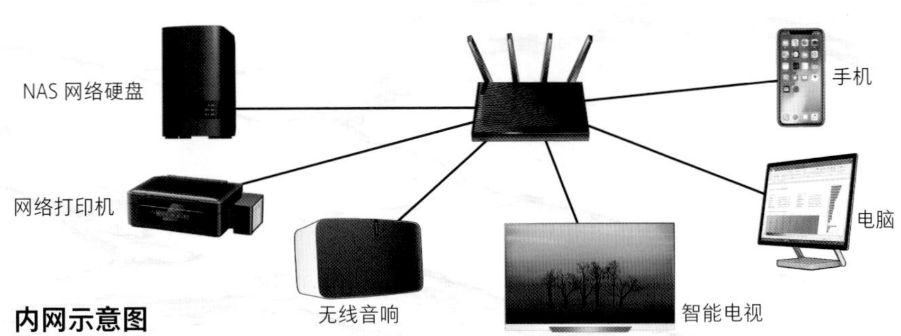

内网示意图

小户型网络方案——单路由器

最普遍的网络方案就是下图这种，光猫进来直接接无线路由器就搞定了。相信这是绝大多数家里的做法，这种方案适合房屋面积小于 100m² 的单层住宅。如果对有线网口的需求量更多，可以在路由器后接一台交换机来解决。

调制解调器：俗称猫，是英文 MODEM 的音译。是宽带运营商“赠送”的网络设备，本身的作用是将楼道中的光纤（或电视信号线等）连接入户，再用猫连接路由器发射 Wi-Fi 信号。当然也有自带天线的猫，但一般信号和功能远无法和专门的路由器相媲美。

无线路由器：可以理解为将“猫”中的宽带网络信号通过天线转发成无线 Wi-Fi 的设备。无线路由器也可以进行有线连接，路由器的背面通常有五个网口，黄颜色的网口是 WAN，是接“猫”的广域网端，另外四个黑色网口是 LAN，是输出家用设备的局域网端。

交换机：当路由器的有线输出网口（通常只有 4 个）不够用的时候，可以接个交换机来扩展网口（多至 4 ~ 48 口）。交换机上的所有网口都是平等的，以任意口作为输入口，所有其他口作为输出。

5 口交换机

大户型网络方案——Mesh 路由器系统

如果一个无线路由器的覆盖范围已经无法令家里全部房间的 Wi-Fi 信号满格，那么你可以考虑 Mesh 路由器系统方案。

Mesh 的英文意思是网状，所以 Mesh 路由器也叫作智能分布式网状路由系统。这是最近大热的一种新型路由器形式，它由一个本体路由器和一个或多个分身扩展组成（形成网状），相当于让家里同时拥有两个或更多的信号源，这样 Wi-Fi 信号均匀分布，一些角落房间就能得到照顾，告别 Wi-Fi 盲区。

它是革命性的新一代路由器系统。对比买两个传统路由器并将其中一个设置为 AP 模式的方案，其最大的优势在于：Mesh 路由器系统可以全屋使用同一个 SSID（Wi-Fi 名称），在不同房间上网时不需要来回切换不同路由器。

Mesh 系统本体路由器和分身扩展路由器之间，强烈建议使用网线直连的方式（而不建议使用无线的方式互连，因为会降低分身扩展的信号强度），这就需要在装修硬装时提前在各房间需要分身路由器的地方，预埋好网线和网口。

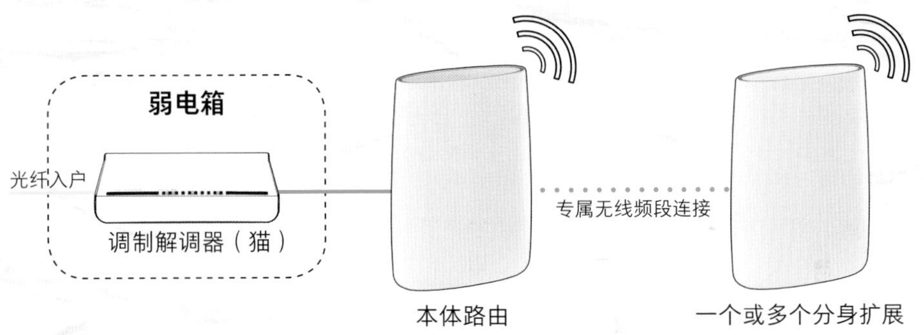

路由器的 AP 模式： 有些路由器可以设置为 AP 模式，用途是将这台路由器当作第二个信号发射源来扩展现有网络覆盖。AP 的英文是 Access Point，翻译过来叫作无线接入点。家里只办一个宽带账户是无法同时用两个路由器的（会导致 IP 冲突），所以通常是将第二台路由器设置为 AP 模式使用（作为第一台路由器的一个扩展）。这种扩展 Wi-Fi 信号范围的方式简单易操作，但有一个致命的缺点，那就是：两台路由器只能分别使用不同的 SSID，走动时需要在不同房间来回切换不同网络，十分麻烦。

弱电箱

弱电箱也叫作多媒体集线箱、多媒体信息箱等。这个小铁箱可以收纳调制解调器（猫）、电视模块、电话模块等弱电的线缆和设备。只要不是过于老旧的房子，家里通常都会有一个弱电箱。如果没有，建议要找地方打造一个，以便对弱电进行整理和维护。当然，还可以在水电改造时将弱电线路全部甩至电视柜处，把电视柜当成弱电箱来使用。

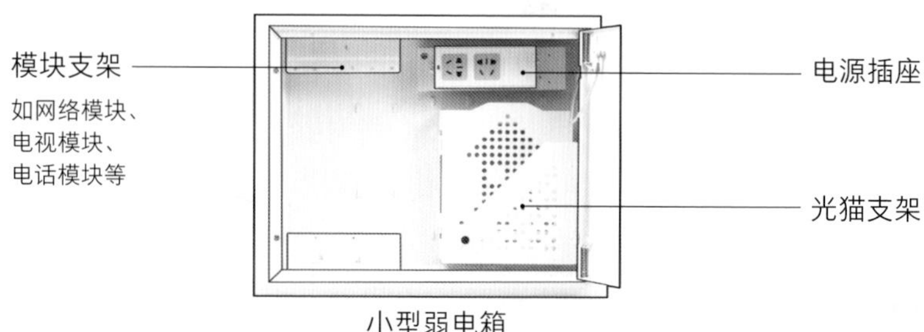

小型弱电箱

机柜——大型弱电箱

当家里的弱电系统较为复杂，比如想要打造独立影音室、全屋音响系统、全屋智能系统以及全屋安保系统时，浅浅的弱电箱恐怕就放不下那么多设备和线缆了，这时就可以考虑使用机柜。机柜就可以理解为大一些的弱电箱。

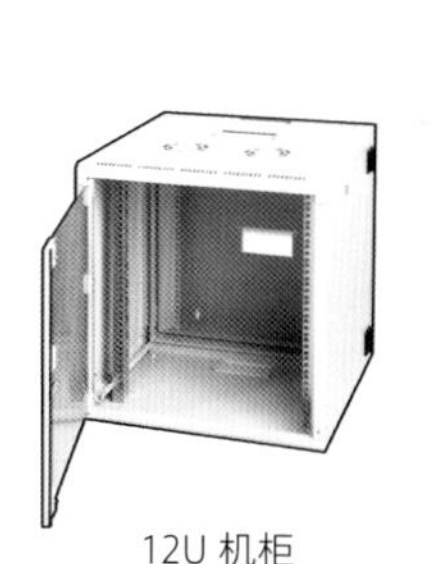
12U 机柜

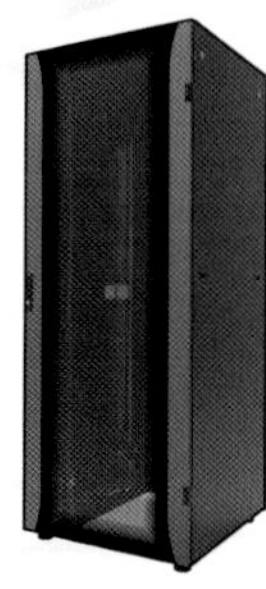
42U 大型机柜

机柜的容量单位为 U（是 Unit 的简写），常见 8U 到 42U 不等，按照需求选购合适大小的即可。

大型机柜不能像弱电箱一样埋在墙里，通常是将机柜放在设备间、影音室或者厨房高柜里。

其他弱电

电视、电话等其他弱电就根据自己家的需求布置即可——哪屋需要固话、需要看电视、需要接无源音箱，就从弱电箱的相应模块上引一根线过去。没什么技术难点，只要将需求告知工长或者水电工，他就能帮你搞定。

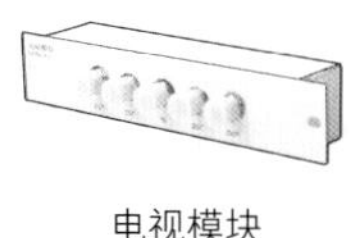
电视模块

电话模块

电视电话面板

音响插座

影音室布线

还记得在客厅的空间布局中提到的这个 30m² 大型影音室吗？下面以它为代表，说一说影音室的布线，因为这里可谓是弱电布线最为复杂的房间，大影音室都能看懂的话，那么客厅卧室的弱电布线简直就是小菜一碟。

弱电是影音室的设计关键，详见下图：

备注：线并没有“跑”到屋外，这里只是为了示意。所有线都埋在墙、地及吊顶里。

弱电布置注意事项：

1. 弱电线管要与强电线管平行走线，并且相距 30cm 以上，以避免强电对音频视频信号的电磁干扰。如果有强弱线管交叉时，需要用静电屏蔽铝箔包起来并接地，来进行屏蔽措施。

2. 低音炮同轴信号线出线 2m 以上，以方便调整低音炮位置。

3. 投影仪至少预埋一条 HDMI 备用线，并预留空管，方便后期加线。

强电布置注意事项：

1. 可以给影音室的设备柜单独一条强电回路（可降低外界电器的干扰——比如冰箱压缩机一启动，音响可能会出爆音）。

2. 居中的茶几下可预埋地面插座（地插），方便手机充电和使用电脑等需求。

智能家居

什么是智能?

所谓智能家电，就是具有感官能力（传感器）并可以情景设置的家电。

举个例子：能随着夜幕的降临，自动关闭的窗帘叫作智能窗帘，它的智能体现在具有感光能力并且能根据日落这一情景做出关闭窗帘的动作（就算窗帘没有感光元件，至少也要能通过网络知道现在几点和日落时间而自动关闭窗帘）。如果只是一个需要用遥控器或手机遥控才能打开关闭的窗帘，称不上智能，只能叫作电动窗帘。

再比如，如果空调可以连上温度传感器和人体传感器，一发现房主快要回家（GPS 检测到离家距离 1km 以内）且室温高于 27℃时，就自动开启空调进行制冷，这算是智能空调。

并不智能的家具

有些电子家具并不拥有眼观六路、耳听八方的感官能力，也不具备场景的动作设置。它们就不是智能家电，甚至还可能是“智障”家电。智能的目的，是减少人的操作，而不是用一些繁杂的功能增加人的操作。比如有些所谓的“智能灯具”，不仅需要遥控器，遥控器上还有一堆非常复杂的按钮——既能调亮度、色温，还能调颜色，甚至还可选几种照射模式（阅读、蹦迪），看似功能完备，实际上意义不大，还非常麻烦，过不了多久相信这个遥控器就不知道被你丢到哪里去了。因为它把开灯这样一件小事变成繁杂的劳动，增加了人的操作，这就不算智能。

还有一些自称是智能的家具，其实只是带了一块 LED 显示屏或者一个 USB 充电口，完全达不到真正的智能水平。起码智能家电要能连网，能用手机 App 操作才行。

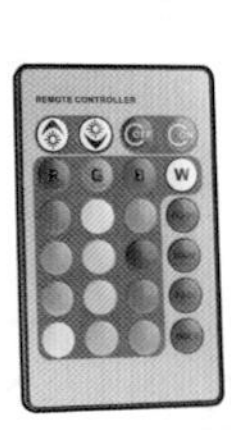

一点也不智能的遥控照明

只是带了个屏幕的电动按摩椅

值得入手的智能设备

现在好用的智能设备，大多属于将传统电器连上网，用手机 App 控制和调节，比如智能马桶、互联网空调、联动烟机灶具、智能锁等。将家电互联，把家通过网络串起来，变得智能和舒适。

家里装修首推下面几款智能产品：

① 一体式智能马桶

智能马桶，非常体贴好用。能感应人来自动开盖、自动加热马桶圈，用完自动冲水，夜里自动亮夜灯。属于让人用过一次之后就再也用不回去的智能设备。

② 人体感应灯

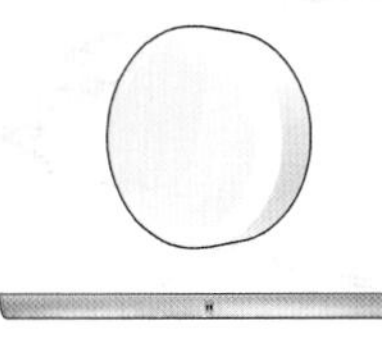

精细化的照明，尤其是还不需要自己手动开关，能极大地提高生活品质。在需要的时候自动亮，虽然简单，但这其实才是智能的真正奥义——无微不至却又无影无形。

③ 智能门锁

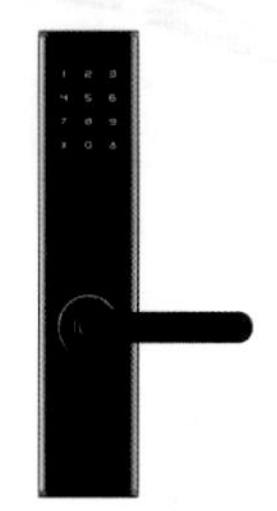

再也不用兜里揣着鼓鼓囊囊的一大串钥匙，也再不必担心忘带钥匙后把自己锁在屋外。可用指纹密码甚至扫脸开锁，方便之极。

④ 全屋智能系统

某些智能家居 App 不仅产品能联网，并且还可以进行智能场景设置，比如：

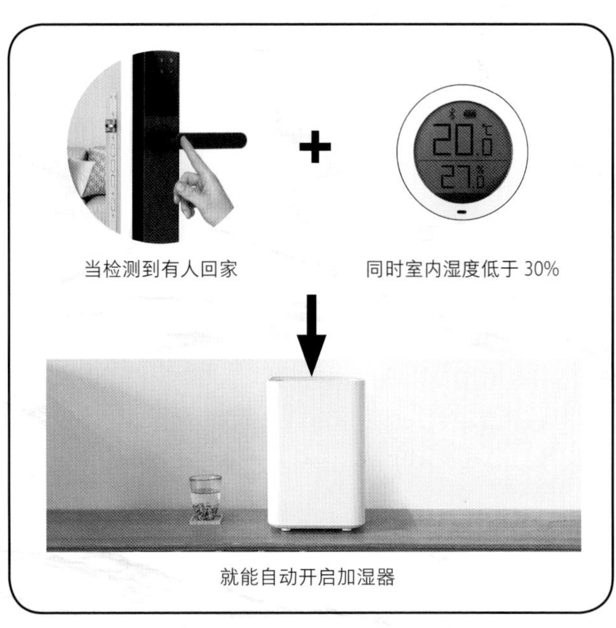

当检测到有人回家

同时室内湿度低于 30%

就能自动开启加湿器

电系统小科普

猫是路由器吗？

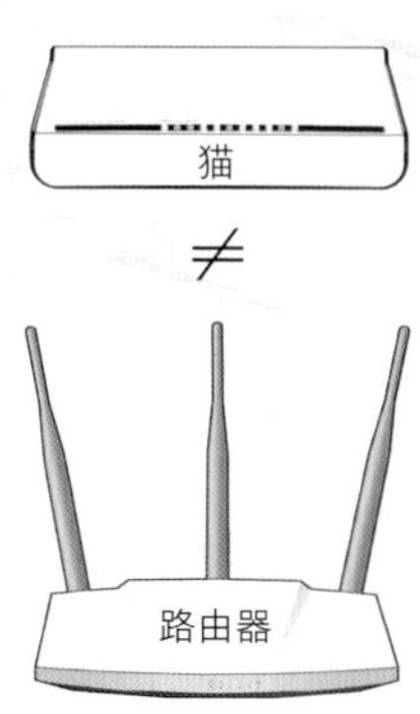

很多朋友分不清猫和路由器的区别，把它们当成了一个东西。其实这是完全不同的两个设备，理解它们各自意思的最好方式是从它们名字原本的英文来看。

猫是英文 MODEM 的音译，而 MODEM 是英文 MOdulator（调制器）& DEModulator（解调器）的简写，猫的真正中文名应该叫作“调制解调器”，所谓调制就是将计算机语言转化成传输的信号，而解调是调制的反过程——把传输的信号再转化成计算机能看懂的信息。所以猫就可以简单理解为读取信号的机器。而光猫就是读取光纤信号的机器。猫一般不需要自己单买，通常由运营商提供。

而路由是 Route 的音译，在英文里 route 又是路的意思，所以音译加意译结合成了路由器（英文 Router）。路由器可以理解为负责分配网络的机器，通过路由器可以有好多台设备同时上网。而无线路由器，则是能够通过无线 Wi-Fi 分配家中其他设备上网的机器。

测网速

Speedtest

说了半天如何达成千兆网络，那么办理完网络业务之后，怎么才能知道家里的网速到底有多快呢？仅仅通过打开浏览器刷新首页的速度，并不能判断家里的网速是快是慢。在这里给大家推荐一个测网速专业户：Speedtest。建议上其英文官网或手机 App，数据会更加准确。测完网速，它会给出三个数值，分别是：

PING（ms），意思是响应速度（毫秒），也叫作延迟，延迟越低越好，5ms 以内就算不错的。

DOWNLOAD（Mbps），是下行速度（M），这个数值就可以理解为你家的带宽。可如果测得的速度小于办宽带的网速，那么很有可能是你的路由器、网线或其他网络设备有短板。

UPLOAD（Mbps），上行速度（M），这个速度决定了你上传东西（比如发视频、上传云文件）的快慢。往往家用网络上传速度会比下载速度慢不少。

Wi-Fi 有辐射吗？

首先要知道什么是辐射？凡是有温度的物体都会发出电磁辐射，统称辐射。按照电磁波的频率来分，从低到高依次是：无线电波、微波、红外线、可见光、紫外线、X 射线、γ 射线。

你没看错，就连可见光都是电磁辐射，也就是说晒一下太阳，都会被电磁波辐射一下。那把自己禁闭到小黑屋再用法拉第笼（防止电磁波进出的金属外壳）罩起来行不行呢？别忘了人体自身也是有温度的，正在散发电磁辐射。所以想要无辐射的环境，是不可能的。

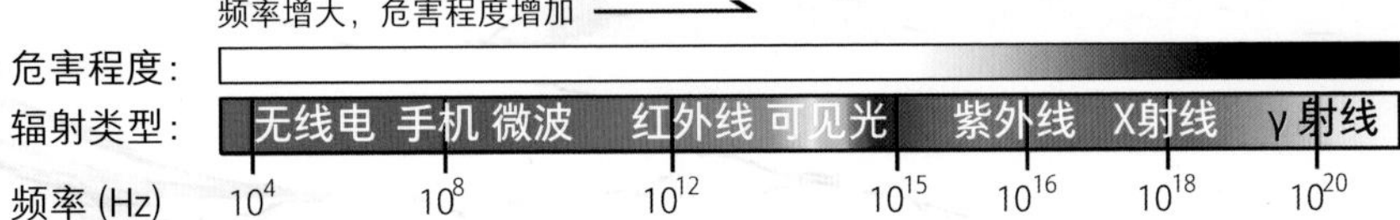

但是别怕，辐射只是一个称谓，并不是所有辐射都是核辐射。

只有高功率的高频率辐射（电离辐射），才会对人体造成伤害。电离辐射的最低频率也要达到紫外线级别。而那些不能电离的低频率辐射对人体几乎没有影响，更不要说无线电波比可见光的频率还要低。所以，电视、网络、手机对人体的辐射伤害几乎为零。

此 5G 非彼 5G

手机上运营商的 5G，并不是无线路由器的 5G Wi-Fi。手机上的 5G 指的是 5th-Generation（第五代）的移动通信技术，下行速度可达 10,000M（10G）。

而无线路由器的 5G Wi-Fi，指的是在 5Ghz（赫兹）无线电波频段的网络，与之相对的是 2.4Ghz 频段的网络。5G 比 2.4G 的频率高，所以震荡速度就快，单位时间能携带的信息也就多，2.4G 的 Wi-Fi 最高速度只能达到 800M（不到千兆），而 5G 的 Wi-Fi 最高可达 2000M。并且当大多数无线设备，比如无线键鼠、蓝牙等，都在 2.4Ghz 频率下时，就会导致信号干扰——经常遇见笔记本电脑旁边放个蓝牙鼠标或者手机，就导致笔记本上网卡顿的情况。这时候如果笔记本电脑接入的是 5G Wi-Fi，则不会受到任何干扰。

然而 2.4G 的 Wi-Fi 也绝不是一无是处，首先，有些古老或者廉价的网络设备只支持 2.4G 的网络，想要设备上网只能是 2.4G，所以为了它们能够正常使用，还要保留 2.4G 频道。另外 2.4G 信号由于波长比较长，穿墙绕障碍物的能力比 5G 稍好，信号覆盖范围较 5G 广。

水系统 WATER SYSTEM

第 2 步 | 房屋系统

海淘昂贵的德国智能马桶和日本超细淋浴手持花洒，结果没用两年就都堵了；刚用浴室清洁剂擦洗得亮光闪闪的洗手池和水龙头，结果洗一次脸后就布满了水垢；花了大价钱购置的汉斯格雅顶级飞雨淋浴，由于家里水压不足，不仅没达到预想中的雨淋瀑布效果，反而淅淅沥沥，连头发都冲不干净。

这些都是极为常见的用水问题，如果在装修中没有用心改造水系统，没有对水进行水质处理，没有对水压有所关注，那么装修后的生活品质将无从谈起。

用水是居家生活品质的一个关键要素，装修时就要着意打造一个优质的家庭水系统。

装修中进行水电改造时，你只需要对家里的水系统考虑这两点：水质和水压。

水系统 = 水质 + 水压

水质

你如果想要：

洗脸洗澡皮肤滑嫩

做的米饭更加美味

冲出的茶和咖啡更加纯正

洗完衣服柔软顺滑甚至无须柔顺剂

水龙头表面永远光亮如新

淋浴房玻璃上再也不会沾满水渍

烧完开水后壶底不会有水垢

花洒的喷孔上永远不会被水垢堵塞

智能马桶圈的喷头永远顺畅如初

电热水器里不会结垢也不必换镁棒

加湿器喷出的白雾里没有细菌

延长冲牙器等精密水设备的寿命

那么你就需要关注家庭用水的水质问题，并在装修时对入户水质进行改善。

水质指的是水的软硬度和纯净度。

衡量水质好与不好，看的是 TDS 指标（溶解性固体总量）。测量单位是毫克 / 升（mg/L 或 PPM），它表示 1 升水中溶解的固体总量有多少毫克。TDS 数值越小的水就越接近纯水而没有杂质，华北地区的自来水 TDS ≈ 300，纯水机制出的水（直接可以喝）通常 TDS 在 0 到 30 之间。

TDS（单位：PPM）

纯净水	矿泉水	自来水	浑浊水	污染水
0	10	100	300	600

注：矿泉水的 TDS 值可能会超过 100，然而矿泉水里只是矿物质多，和自来水并不一样。

如果你所处的地区自来水水质不好，那么就需要自己对输往家里的自来水进行水质处理。改善水质的方法就是在进水管处加装水质处理器，市面上最常见的水处理器有：前置过滤器、软水机和末端净水机。

改善水质的方法

=

前置过滤器

前置过滤器，顾名思义就是放在最前端的第一道过滤器，负责粗过滤，除去水中较大的颗粒物，主要是为延长后续水设备的使用寿命而存在的。价格便宜、体积小还无须更换滤芯，性价比非常高。

过滤物：过滤泥沙、铁锈等大颗粒杂质。

原理：极细（0.04mm）的不锈钢滤网进行物理过滤。

价格：200 元 ~ 3000 元。

后续维护：有反冲洗功能，无后续维护费用。

+

软水机

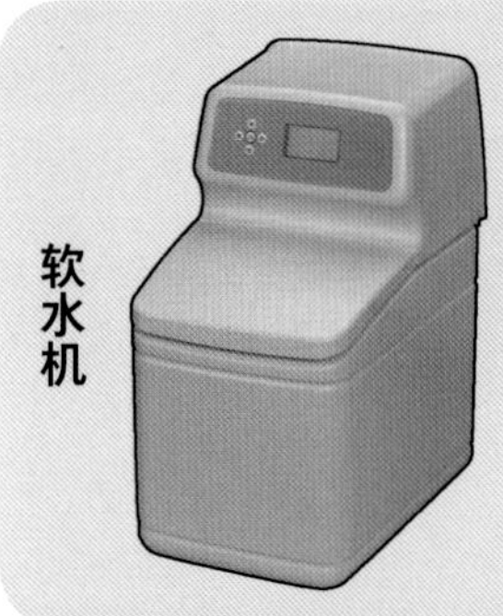

这个大家伙是软水机，顾名思义是用来让水质变软的。消灭水垢，让洗澡洗衣顺滑靠的就是它。软水机体积越大能处理的水流量就越大（通常 ≥ 1m³/h）。厨房的底柜往往放不下软水机，只能考虑高柜、设备间或卫生间地上。

过滤物：钙镁离子（导致水垢的罪魁祸首）。

原理：用盐（钠离子）置换水中的钙镁，进行化学过滤。

价格：5000 元 ~ 20,000 元。

后续维护：每月需加盐十几公斤，每年几百元的维护费用。

+

净水机

净水机也叫纯水机。通过它能直接制作出纯净水，可以直接喝。一般将净水机安装在厨房水槽下的柜子里。就算家里没装前置过滤器和软水机，净水机也可独立使用。

过滤物：0.1 纳米过滤精度，甚至可除掉细菌和气味。

原理：通常四道滤芯：PP 棉—活性炭—RO 反渗透—活性炭。

价格：1000 元 ~ 10,000 元。

后续维护：每年换一次滤芯，500 元左右的维护费用。

注：几乎所有净水设备都需要插座和下水口（地漏），记得在装修时预埋。

水压

水压决定了家里水龙头、淋浴花洒的水流大不大。水压越高，水流越大，洗澡就越舒服，灌满浴缸所需的时间就越短。水压如果过小，居家生活品质会非常受影响。

水压表

水压指的是家里水管内水的压力，单位是 **Mpa（兆帕）**。水压越高，水流量就会越大，0.3Mpa 是一个优良的水压值。施工队通常用公斤来描述水压，国外可能还会用多少 Bar 来描述的。它们之间的**单位换算：0.3Mpa ≈ 3Bar = 3KG/cm^2**。0.3Mpa 的压力可以让花洒软管（四分管）里的水流量达到 15L/min，也就是 0.9m^3/h。

测测你家水压达不达标

如果有水压表，那就直接拧在花洒软管上，如果测得数据 ≥ 0.3Mpa 就证明你家水压达标。

没有水压表，也有一种办法：用花洒软管往桶里接水，用秒表记录装满的时间，然后称一下桶里水的重量（拎着空桶在体重秤上量一下，装满水后再拎着桶量一下，差值就是水的重量）。最后用公式计算：水的重量 / 秒数 × 60 = 水流量（单位 L/min）。**如果你家水流量 ≥ 15L/min，则水压达标。**

水压水流量对应表

水压	≥ 0.3Mpa	0.2Mpa 左右	< 0.1Mpa
水流量	≥ 15L/min	10L/min 左右	< 5L/min
意味着	恭喜你可以完全不用担心水压的问题了。洗澡超爽，高端的空气注入式花洒想用就用。大尺寸顶喷花洒（俗称莲蓬头）也可以考虑入手一个了。	可以凑合淋浴，不建议上高端花洒和节水型花洒，因为几乎体会不到高端花洒所带来的品质提升，而节水型花洒会让水流更小，淋浴起来更吃力。	水压过低、水流过小，应该考虑增压泵了。

备注：五星级酒店的花洒端水流量通常大于 20L/min，对应的四分管水压约为 0.4Mpa，这样才能够享受到畅快淋漓的五星级淋浴体验。

水压的木桶效应

要想拥有舒适的洗澡体验，需要打造一个系统工程，并不是简单地更换一下花洒就行了。

整条家庭水路上的水设备也有木桶效应，如果提高了水压，那么水路上的所有设备都需要提升到同一个大流量级别。

比如家里水压在 0.3Mpa，那么水流量为 15L/min（$0.9m^3/h$），这时你家选购的燃气热水器就至少需要 18L 的。而如果是电热水器，50L 的小型电热水器在 15L/min 的流量下只够淋浴大约 6min，必须用 80L 以上的电热水器才够用。

同样，软水机也需要考虑流量，水流量越大，软水机的型号也需要越高，否则太小的软水机根本无法处理这么多的水量。0.3Mpa 水压下的软水机处理能力至少要在 1T 级别。

另外如果家里水量极大（比如像五星级酒店一样水压 >0.4Mpa），那么就连淋浴地漏也需要考虑大排量的，否则卫生间就会积满积水。

统一水路上的水设备规格

水压 0.2Mpa
水流量 ≈ 10L/min

软水机净水流量 ≥ 0.6T　电热水器 ≥ 60L　燃气热水器 ≥ 12L

水压 0.3Mpa
水流量 ≈ 15L/min

软水机净水流量 ≥ 1T　电热水器 ≥ 80L　燃气热水器 ≥ 18L

备注：软水机水流量单位为 T，指的是吨每小时。1T/h ≈ 16L/min。

手把手教你打造优质水系统

低配版

如果预算不高，房间空间不大，可以在水路上只装前置过滤器和终端净水机。这就已经能够极大地提高居住品质了！

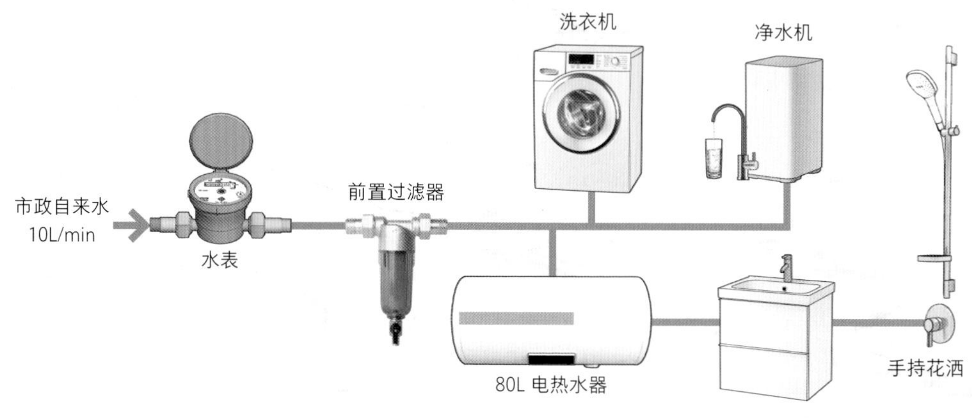

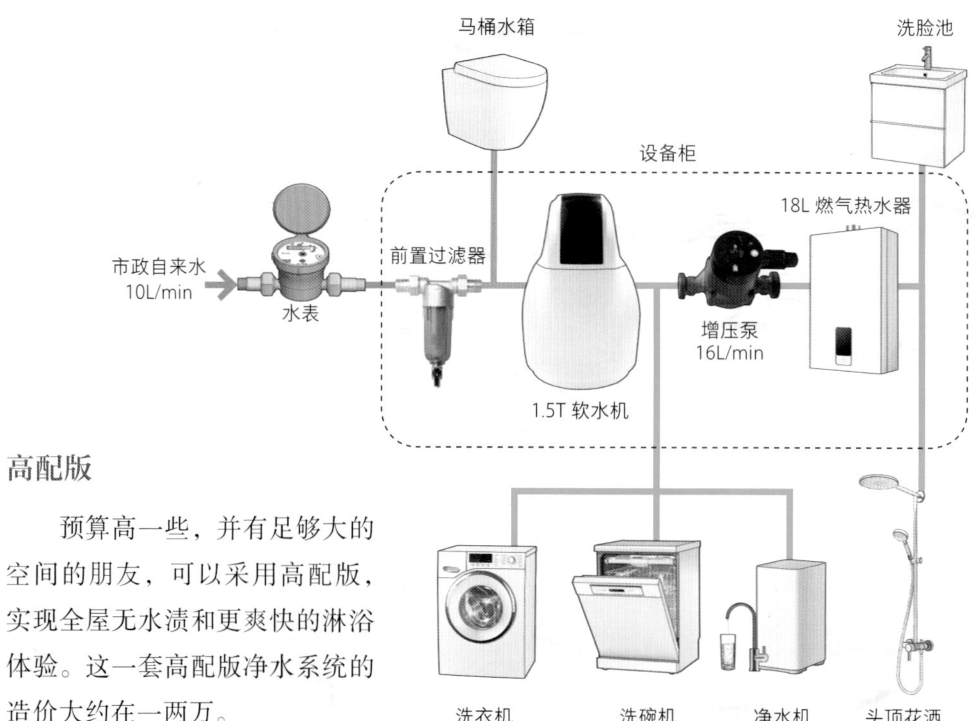

高配版

预算高一些，并有足够大的空间的朋友，可以采用高配版，实现全屋无水渍和更爽快的淋浴体验。这一套高配版净水系统的造价大约在一两万。

别墅版

如果你的家是座别墅，户型面积巨大，多层并且有独立设备间，则可以参考这个别墅水系统方案。由于别墅水路扬程长、用水量多，所以大多数水系统设备都要升级成更高的型号。

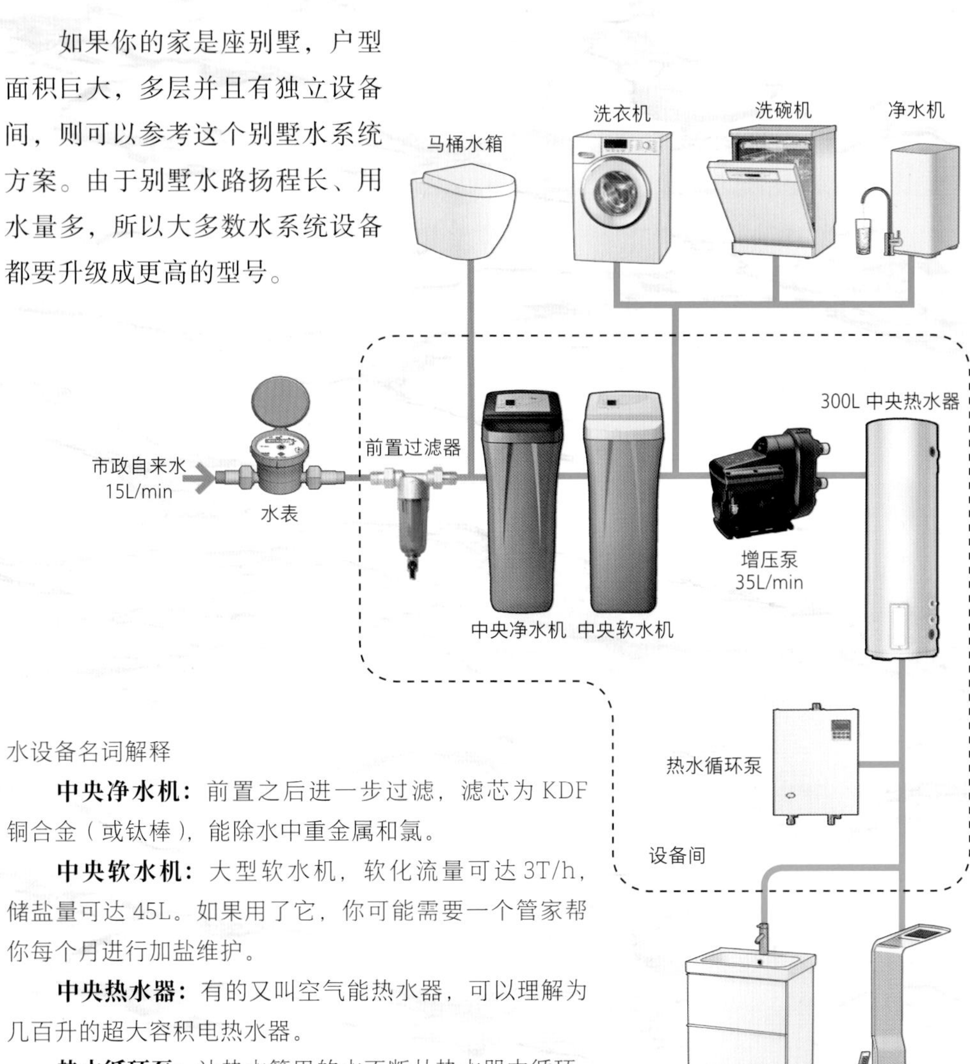

水设备名词解释

中央净水机：前置之后进一步过滤，滤芯为 KDF 铜合金（或钛棒），能除水中重金属和氯。

中央软水机：大型软水机，软化流量可达 3T/h，储盐量可达 45L。如果用了它，你可能需要一个管家帮你每个月进行加盐维护。

中央热水器：有的又叫空气能热水器，可以理解为几百升的超大容积电热水器。

热水循环泵：让热水管里的水不断从热水器中循环，保持在 42℃。这样不论水龙头和淋浴离热水器多远都能即开即热，再也不用空放很久的凉水才能洗个澡了。

大排量地漏：如果用了大流量的头顶花洒，那么地漏也别忘了要随之一同提升。要用排水能力至少达到 50L/min 的大排量地漏。

水系统小科普

净水机怎么选？

净水机可谓当代厨房必备的水系统设备了。随着市场越来越大，谁都想要分一杯羹，大品牌、小品牌甚至还有无牌自己 DIY 的，各种品牌层出不穷，各类型号五花八门。一台净水机的价格从一千块到一万块的都有，那么净水机究竟应该怎么选？

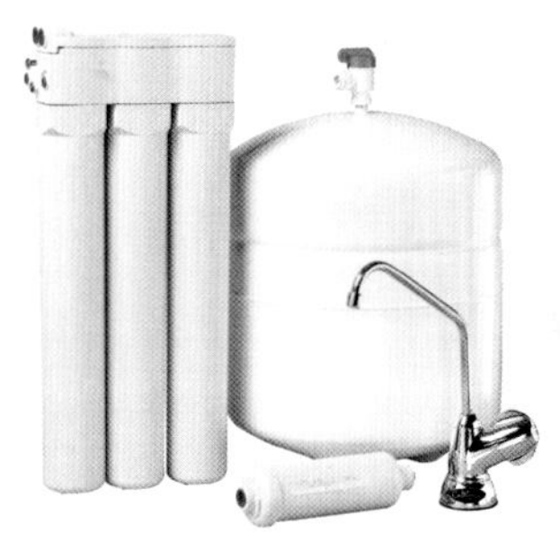

各种款式的净水机

大多数靠谱品牌的净水机产品，均能制出 TDS 达到 0 ~ 10 的纯净水，制水的质量普遍都能达标。滤芯的原理也没有很明显的差异，主要靠的是 RO 反渗透膜，所以只需要在购买时关注下面几点即可：

1. 有无储水罐： 建议选没有储水罐（压力桶）的净水机。因为储水罐太占地方，厨房底柜空间寸土寸金，净水机占的面积要越小越好，最好是无桶超薄的。

2. 废水比例： 净水机废水比从 1 ∶ 5（制一杯净水产生五杯废水）到 0 的都有，但在我看来，这并不是选择净水机的关键指标。因为按照每人一天喝 2L 水为例，一般净水机会产生 2 ~ 6L 废水，要知道冲一次马桶 5L 水可就下去了，如果为了节省每年几十块水费，却多花了好几千块钱，得不偿失。

3. 换芯是否方便： 一定要买能够自主换芯，并且操作起来方便快捷的净水机。如果每次换芯都需要拨打客服电话预约师傅上门，相信没多久你就会放弃换芯了。

4. 出水速度：建议选择制水流量至少为 400G 的净水机，否则想要烧壶水都需要在厨房水槽前站着等几分钟，实在是效率太低。

5. 噪音大小：有的净水机在制水时，泵会发出很大的噪音，如果在意这一点的话，应当在购买时注意。或是通过在净水机下铺降噪垫来缓解噪音问题。

6. 性价比：如果前五条都满足了你的需求，选择最具性价比的产品即可。

天天喝净水机的纯水不健康？

又有不少人在说："从净水机里制出的纯净水太干净了，里面所有的营养物质和矿物质都被过滤掉了，天天喝对身体不利。"

这是真的吗？咱们还是要用数据说话，如果喝两升矿泉水，可获得的微量元素含量：

钙 8mg、每天参考摄入 900mg，占比不到 1%；

镁 1mg、每天参考摄入量 350mg，占比不到 0.3%；

钾 0.7mg、每天参考摄入量 2g，占 0.035%；

钠 1.6mg、每天参考摄入量 2g，占比不到 1%；

可见通过喝水摄入矿物质微量元素意义不大，喝 2L 矿泉水获得的养分，还不如喝一口奶来得多。所以大家一定要搞清楚这个概念：喝水的目的就是为了补充水分，而不是为了补充营养。所以天天喝净水机里的纯水没问题，很健康。

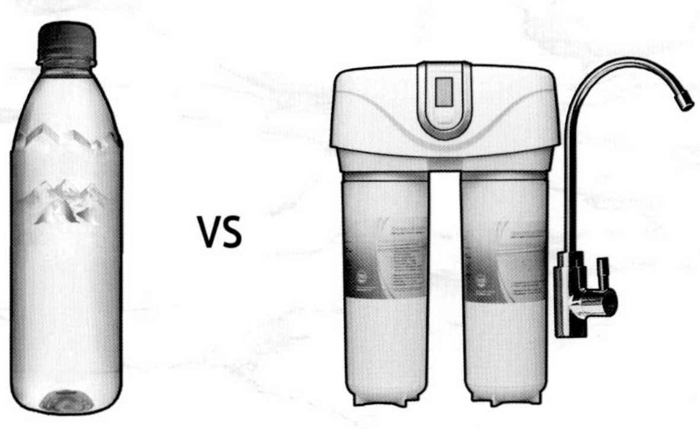

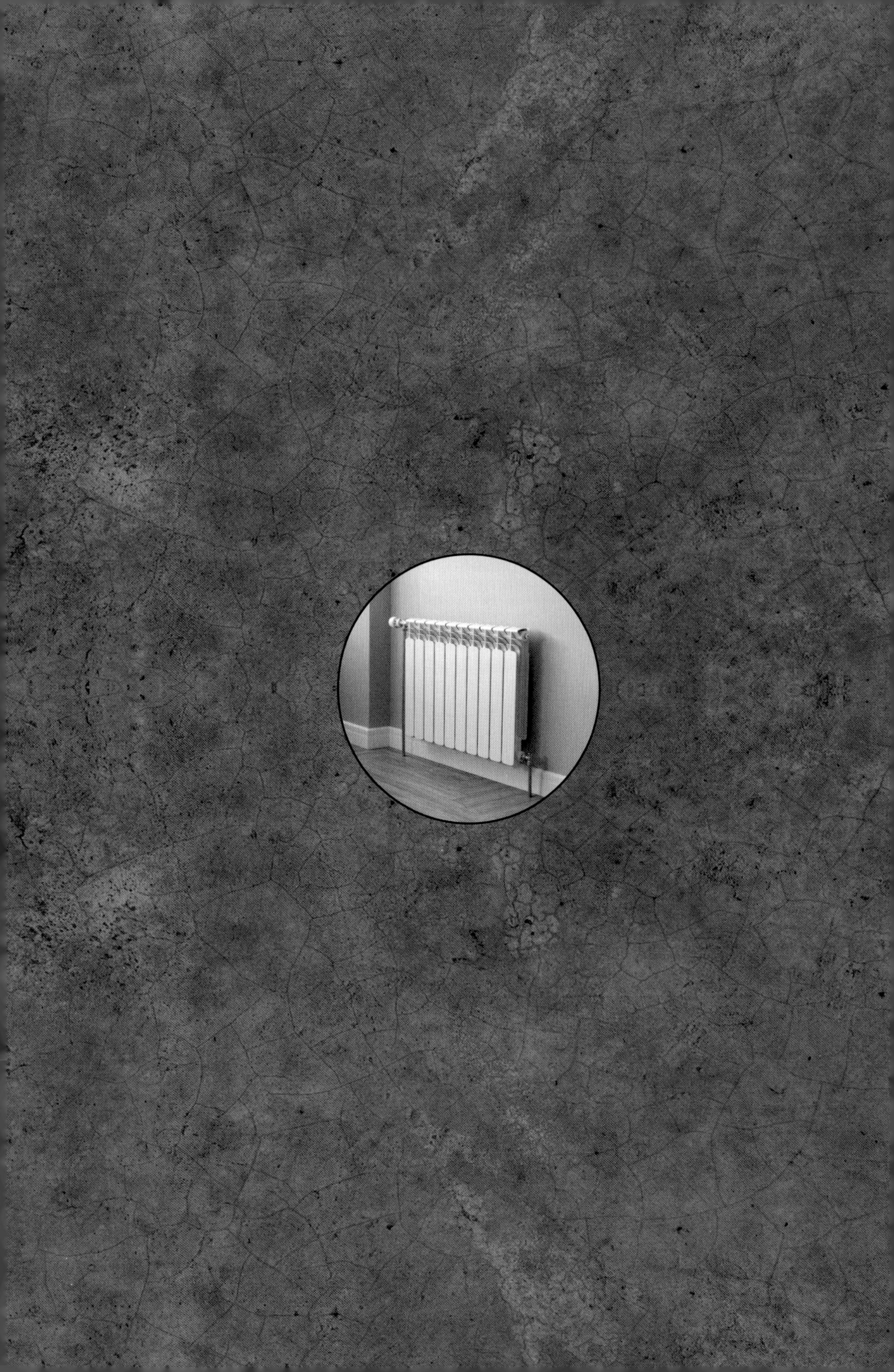

暖通系统 HVAC

第 2 步｜房屋系统

暖通是建筑专业的一个分支学科，英文是 HVAC，H = Heating，是采暖。V = Ventilation，是通风。AC=Air Conditioning，是空调。

可以这样来理解，暖通就是处理家中空气的系统。室内空气的温度、湿度、新鲜程度全靠暖通设备来控制和调节。居住环境的空气舒适度，与暖通系统密切相关。

暖通系统 = 处理空气的系统

暖通系统让人类的居住品质在百年之间得到革命性的大幅提升。我们通过空调得以无视酷暑，我们通过暖气得以躲避严寒，我们通过新风得以换气通风，我们还通过加湿器变干燥为湿润。因为暖通系统承担着处理空气的重大责任，它通常是在装修环节中开销最大的，也是最复杂的系统。

空气温度

空气温度就是气温，是空气中最重要的属性。最舒适的室内温度为20℃～28℃。无论是三伏盛夏还是三九寒冬，都应将室温保持在这个舒适的区间内。

调节温度是暖通系统最首要的职责。当室内空气温度高于28℃就需要开空调制冷，而室内温度低于20℃则需要采暖。调节空气温度的暖通设备，一定是家家户户必备的。

两种制冷方案

空调是唯一能够将室温降低的暖通设备。它也是装修预算里的一笔大项。在装修中，你需要考虑的是，家里要用中央空调还是几台分体式空调。

中央空调

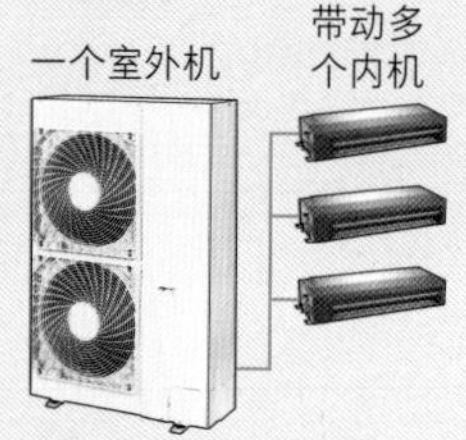

中央空调已不再是高不可攀的暖通设备，很多家庭在装修中都开始使用中央空调。它隐藏在吊顶之中，美观简约。还可以在任意房间布置室内机，比如厨房、衣帽间、卫生间，是提升生活品质和装修档次的绝佳选择。中央空调根据制冷原理不同，还分为水机和氟机，家用多以氟机为主。

优点： 美观，室内机种类多，内机安装位置选择余地大。

缺点： 贵，需要吊顶（至少是房间局部）。

价格： 进口品牌一拖四全套含安装费的价格为3.5万元左右。

适用： 适合装修预算高、对美观程度追求高、需求空调的房间多的家庭。

分体式空调

分体式空调则是空调中最常见的，通常一台室外机对应一台室内机，以壁挂形式出现。它的价格实惠，安装简单，不失为简装的好选择。但由于它要挂在墙上的显著位置，还外露着一根电源线和一根冷媒管，让原本美观时尚的装修风格立马掉了一档。另外还有一种分体式空调，是立式空调（柜式空调），是十分不推荐的空调形式，因为它太占空间还更加丑陋。

优点： 简便实用，维修方便，无须吊顶。

缺点： 不美观，不是所有房间都能安装。

价格： 每台价格2000元～10,000元不等。

适用： 经济型或小户型家庭。

三种采暖方案

暖一定是暖通设备要解决的重要问题。如果原有房屋的暖气太过简易丑陋，或者压根就没有暖气，你就可以在装修的时候，给未来的家改造或新建一个采暖系统。

采暖方案可分成地暖、空调和散热片三种，请大家根据自己家的需求，选择合适的。

地暖

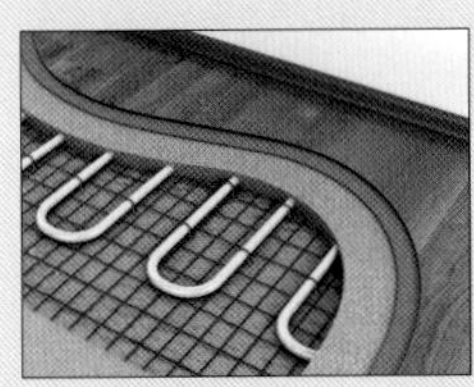

地暖，顾名思义是在地板下方采暖，将热源置于脚下，非常舒适。不需要将散热器露在外面，所以非常美观简约。地暖分为电地暖和水地暖两种。电地暖每平方米耗电为 120W，只能小户型使用。而水地暖则适合装在大户型中。

优点：美观、隐蔽、舒适，自采暖可调节温度。

缺点：降低房屋净高。

价格：全套造价每平方米 150 元 ~ 350 元。

适用：$60m^2$ 户型以下适合电地暖，$80m^2$ 以上用水地暖。

空调

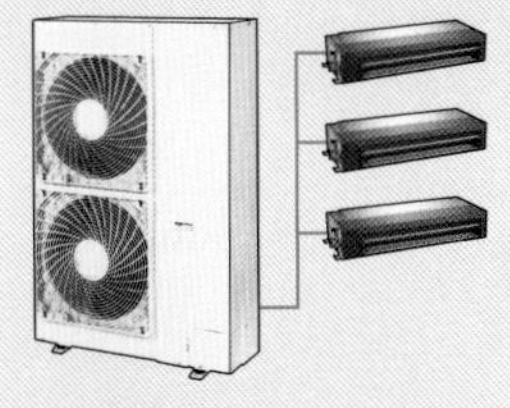

空调也不失为一个不错的采暖方案，现在不论分体式空调还是中央空调，几乎都有制冷和制热两种模式。但由于空调有风且有声音，并不是最舒适的采暖解决方案。

优点：节省购置其他采暖设备的成本。

缺点：有噪音、有风。

价格：同制冷方案。

适用：非北方极寒地区都可适用。

散热片

散热片，也叫暖气。最常见于北方集中供暖的房子，是采暖方案中最简形态。它既丑陋又占空间，只要外露出来，装修档次立马掉三档。如果打算对原房采暖进行改造，那么建议不要首选散热片形式的采暖方案。

优点：便宜（但也有贵的暖气片，价格相当不菲）。

缺点：不美观，占空间。

价格：散热片每平方米造价 50 元 ~ 150 元。

适用：经济型或有暖气立管的老房子。

空气干净程度

空气干净不干净，在十几年前还没多少人关注，而现在大家都知道了雾霾、PM2.5和令人闻风丧胆的甲醛。衡量空气干不干净的指标，除了大家耳熟能详的PM2.5浓度和甲醛浓度，还有TVOC。为装修后的新家打造一个干净无害的空气环境，是非常重要且急迫的。

PM2.5（单位：μg/m³）

优	良	轻度污染	中度污染	重度污染	有毒害
0	35	75	115	150	250

PM2.5就是雾霾天的罪魁祸首——细颗粒物，直径≤2.5μm（微米）。相对于PM10（沙尘），PM2.5能悬浮在空中，与空气融为一体，还携带着各种有毒物质，对人体损害很大。目前欧美日澳等国家普遍PM2.5指数是个位数，中国城市平均80左右，印度平均150左右，而曾经导致4000人死亡的1952年雾都伦敦PM2.5指数曾高达1600。

注：PM2.5指数并不是城市的空气质量指数（AQI），后者还会考量其他污染物，指标含义也不同。

甲醛（单位：mg/m³）

达标	轻度污染	中度污染	重度污染
0	0.08	0.30	0.50

甲醛：一级致癌物，溶于水，无色但有刺激性气味（福尔马林就是甲醛水溶液）。不过一般家里装修完能闻到的异味，并不完全是甲醛，而可能是苯、氨、木料的气味。甲醛难以一次性根除，通常会慢慢释放几年到十几年才能释放殆尽。

TVOC（单位：mg/m³）

达标	轻度污染	中度污染	重度污染
0	0.6	2.0	5.0

TVOC：总挥发性有机物。通常是能被闻到的刺激性气味，如油漆释放的气味等。在装修完开窗通风几周后，TVOC就会挥发殆尽。

空气干净的解决方案——空气净化器

空气净化器能除去室内超标的PM2.5、PM10、TVOC，让室内的空气变得干净，一般开净化器吹一个小时就能让室内的PM2.5指数从100降到个位数。

空气净化器的原理是用物理吸附的方式过滤空气中的杂质。通常空气净化器的滤网有三层：初级毛发滤网、HEPA棉和活性炭。不推荐选用原理为静电除尘的空气净化器，可能产生过多的臭氧，而臭氧本身也是空气污染物之一。

空气新鲜程度

常听父母说“快开窗通风，换点新鲜空气”，可这所谓的“新鲜”是什么？空气新不新鲜指是家里空气中的二氧化碳浓度，浓度单位为 ppm（百万分率）。二氧化碳指标可能是最容易被人们忽略的重要空气指标，可它时时刻刻影响着我们的生活品质。

CO_2（单位：ppm）

空气清新	轻度浑浊	中度浑浊	空气缺氧
0	1000	2000	5000

二氧化碳浓度（ppm）越低越好，一般室外为 400ppm。如果在一个 $50m^2$ 的封闭房间里有两个成年人，平稳呼吸只需要几个小时，空气中的二氧化碳浓度就会超标至 1000ppm。回想上学读书时，五十多个学生坐在冬天关着门窗 $100m^2$ 的教室里……一定是缺氧状态。

想要避免新装修的家里出现二氧化碳超标的状况，想要不断从户外引入新鲜的空气，开窗通风自然是一种解决方案。但如果是雾霾天或是极寒的北方，还想引入干净且温暖的空气，那么唯一的办法就是靠新风机了。

空气新鲜的解决方案——新风机

不开窗也能让住宅通风换气的设备就是新风机，国内外有不少高档建筑的窗户上甚至都不设开启扇，纯粹依靠新风系统来保证足够的新鲜空气。在装修中，越来越多的家庭也开始采用新风系统换气通风的方案。尤其是在室外空气质量不佳的城市，新风机几乎成了装修中的必备新系统。

新风主机除了负责往屋里送新风同时往屋外排浊风，还有两个重要功能：**空气过滤和热交换**。它也像空气净化器一样能够过滤空气中的杂质，另外还可以加热室外的冷风，维持室温。

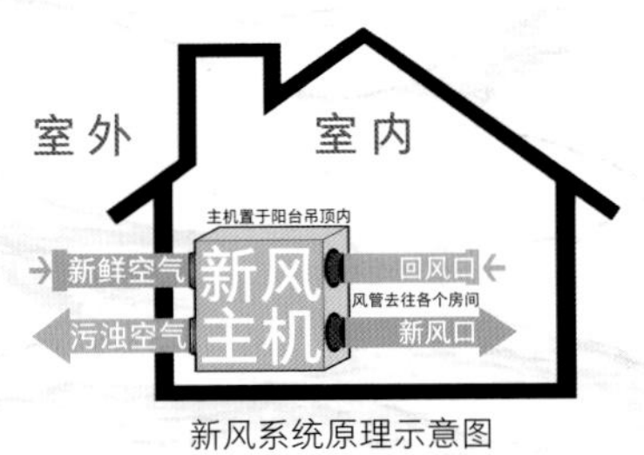

新风系统原理示意图

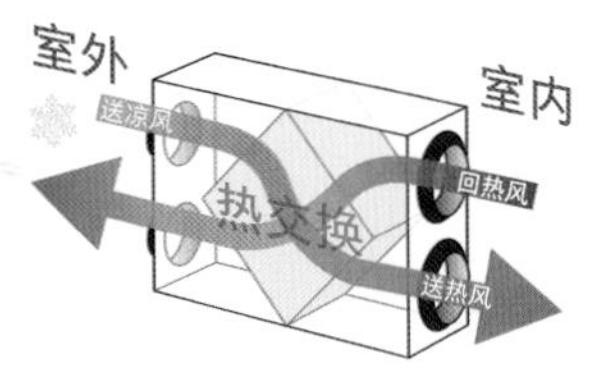

新风热交换机原理示意图

如何选购新风机?

市面上新风机大致可以分为两大类：壁挂式和吊顶式。一个安装在墙上，一个隐藏在吊顶里。相比吊顶式新风机的隐蔽和美观，壁挂式新风机也有自己的独特优势：换芯方便、价格低廉。所以大家在装修的时候按照自己的需求和喜好来选即可，全屋吊顶或是喜欢简约风格的朋友可以优先考虑吊顶式新风机，如果房间少或者没那么在意外观，则可以采用壁挂式新风机。

VS

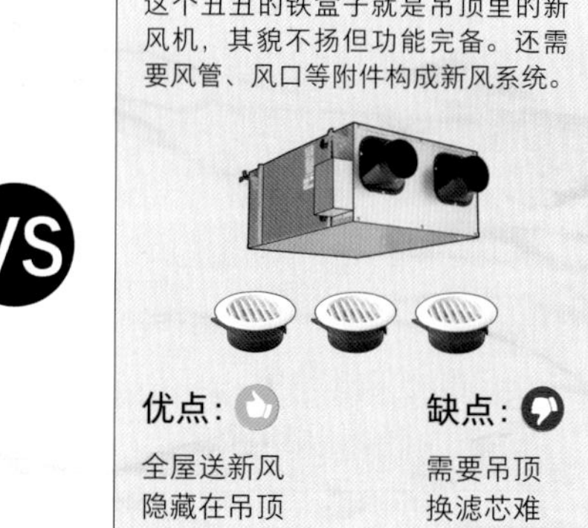

现在装新风系统的家庭越来越多，商家们也就趁着新兴市场的混乱推出各种各样的产品、制造着各种各样的噱头，比如“热交换”“静电除尘”“负离子”“送风量 300m³/h”“低至 33dB（A）静音”“HEPA13”等，整套系统的价格也从几千到几万元不等，好像不是科技达人，很少有人能完全弄懂新风机。

其实选购新风机时只需要关注这几条即可：

1. 只看 40 分贝噪音时的送风量。人能够忍受的噪音，最高不过 40 分贝。如果大于这个值，就相当于耳边有一个大型电风扇在嗡嗡作响，让人烦躁之极。所以新风机买回来永远不可能开到它标识的最大送风量（比如 200m³/h），但商家精明得很，噪音都标最低风量时的噪音，送风量则标最高噪音的风量。而我们实际使用的时候，通常都会调到一个噪音小的档位，只要在家就长期开着新风机。

分贝仪

人均每小时需要新风量为 **$30m^3$**，所以两口之家就是 60m³/h，三口之家就是 90m³/h。在适度噪音下，只要新风量达到全家的呼吸量即可，按照呼吸量需求选购低噪音的新风机。

2. 热交换功能不是必需。新风机的原理很简单，就是个风扇加滤网，可为什么很多新风机的价格都要上万呢？很大程度上就是因为热交换功能很贵。热交换的作用是让进来的新鲜空气和室温相同，而不是冬天的寒风和夏天的热浪。

可实际使用的时候，只要新风量适宜（按两口之家 60m³/h 来算），且不是在极端寒冷的北方地区，新风机吹出来的微冷空气并不会大幅改变家里的温度（影响不超过 3℃）。所以非极寒地区，热交换的功能不是必需。

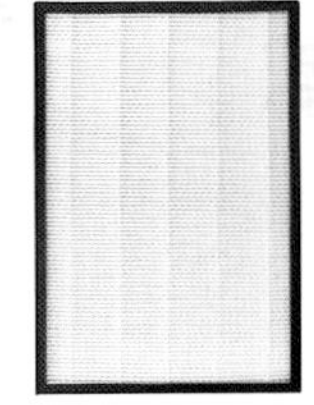
HEPA 过滤网

3. 滤芯只要 HEPA 就好了。HEPA 中文音译海帕，是一种棉质滤芯，可去除 99% 以上的 PM2.5。HEPA 滤网是空气净化产品里最核心的部件，就算是 H11 级别 HEPA 滤网也已经可以把滤进来的空气 PM2.5 指数降低至个位数（HEPA 分不同级别：H10 ~ H14，数字越高，级别越高，价格也越贵）。

静电集尘器

除了 HEPA，“静电除尘”“负离子”等功能的作用也都不大。因为静电除尘能除的尘 HEPA 也都能过滤，而且静电除尘的静电箱需要定期清洗，不像 HEPA 积满灰尘了直接换掉就行。

三种暖通设备对比

空气净化器所负责的，是循环一个封闭空间的室内空气并净化。空调所负责的，是循环一个封闭空间的室内空气并制冷制热。所以，前两者都属于内循环暖通设备。而想要引入新鲜空气，排除甲醛、二氧化碳等有害气体，只能通过新风机。因为只有新风机是外循环的暖通设备。

空气净化器是内循环

空调也是内循环

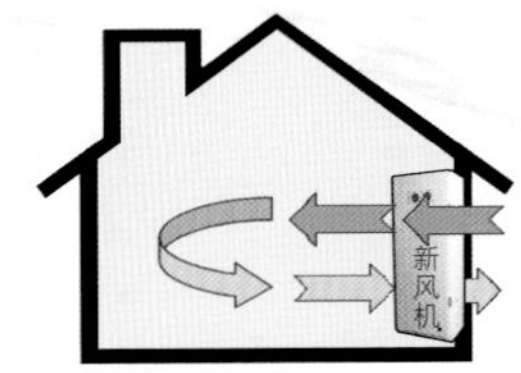

只有新风机是外循环

如何除甲醛?

装修中，最令人惧怕的东西，大概就是它——甲醛。不止刚装修完毕的新房子里会有甲醛，就连老的房子、租的房子也可能会有甲醛。甲醛会长期、缓慢地释放长达 3～15 年。那么究竟如何做才能减少甲醛的危害呢?

先从源头上降低甲醛含量（购买 E1 标准材料）：

复合板材中的黏合剂（如果封边不严或破损）、来路不明的各种胶水、腻子、防水涂料，还有窗帘、地毯都是散发甲醛的大户。

而实木板材也不意味着完全没有甲醛，通常实木板材的表面会有一层光滑的表面漆，那层漆也是有甲醛的。

所以，争取在购买材料时选购正规大品牌，不论是实木还是复合板，都应选择环保等级达到 E1 级标准的材料，具体各国的环保等级可对照下表：

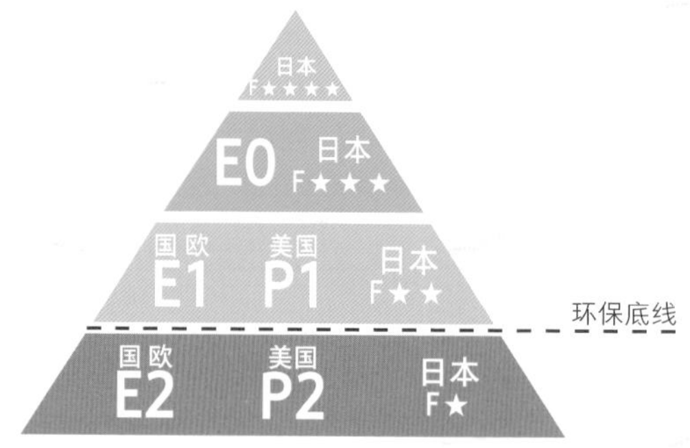

国家	板材等级	甲醛限量值	说明
中国	E1 E2	≤ 1.5mg/L ≤ 5mg/L	可直接用于室内。 必须饰面处理后才可用于室内。
欧盟	E1 E2	≤ 1.5mg/L ≤ 5mg/L	可直接用于室内。 必须饰面处理后才可用于室内。
美国	P1 P2	≤ 1.5mg/L ≤ 5mg/L	可直接用于室内。 必须饰面处理后才可用于室内。
日本	F★★★★ F★★★ F★★ F★	≤ 0.3mg/L ≤ 0.5mg/L ≤ 1.5mg/L ≤ 5mg/L	F 四星，全球公认的最高环保等级。 F 三星，相当于传说中的 E0 等级。 F 二星，相当于 E1 等级。 必须饰面处理后才可用于室内。

注：国家强制标准中其实并没有 E0 级别，但我们在市场上见到某些板材宣称是 E0 级，通常是该品牌的一种营销手段。另外并不存在零甲醛的板材，刚砍下的木材都会含有微量的自然甲醛。

哪怕装修时材料全部是环保材料。装修完仍然需要通风换气，通常装修完我们闻到的刺激性气味都是苯、氨等 TVOC 气体，开窗通风一个月一般就会消散。可甲醛持久挥发，持续开窗十五年也不太现实，那么究竟如何在装修后的生活中有效除甲醛呢？下面列举一些常见除甲醛的方式，咱们一一评判，先从作用小的说起。

除甲醛方法大比拼

方法	有效程度	说明
香薰、橘皮	无	只是用好闻的气味掩盖装修的气味，完全没有达到除去甲醛的作用。
硅藻泥	无	就算硅藻泥真的能吸附，可吸饱了甲醛的硅藻泥墙仍然存在于家中。另外厂商宣称硅藻泥可以分解甲醛的光触媒也只有在强烈紫外线下才能起到作用。
绿萝	★	如果不把家里摆成热带雨林，一两盆花花草草对于甲醛来说是无济于事的。
活性炭	★	活性炭并不会主动吸附游离在空气中的甲醛，范围太小，效果微乎其微。况且，总不能十五年来一直在家里摆满，还定期更换活性炭吧。
空气净化器	★★	毕竟有风扇，室内循环比静止的活性炭包还是要有效一点，需定期换芯才可以有效除甲醛，这样的维护成本相当不菲。
新风系统	★★★★★	相当于一直在开窗通风。可以长期有效地与室外空气交换，极大降低室内甲醛浓度至安全值。

房屋系统后记

真正意义上的优质装修，应着力提升家庭的未来生活品质，令家庭成员养成高格调的生活习惯。好的装修，甚至会让人对自己的家产生依赖感：用惯了家里流量大的高档花洒淋浴，出去旅行的时候用不习惯水太小的淋浴；用惯了家里的智能马桶卫洗丽，出去在公共卫生间上厕所感觉别扭无比；呼吸惯了自己家新风机吹出来的新鲜净爽的空气，出门如果不戴口罩都觉得空气中的味道不对劲；用惯了家里高品质的影音屏幕和高级音响，去电影院看电影都只能去最贵的 IMAX 厅。

把家打造成一个值得依赖的家正是我们在装修的第二步房屋系统中要做的事情。

最后，让我们来说一说该如何选择这些光水电热设备的外观。

不少人在选空调时犹豫来犹豫去，觉得这款流线型很好看，那款花纹又不错；照明灯具市场充斥着各种造型奇奇怪怪的灯，那到底选水晶吊灯、复古巴洛克壁灯、工业风的射灯，还是吸顶灯呢？暖气是要黄色还是绿色，圆的还是方的？

我告诉大家一个房屋系统设备外观选择的诀窍，能让你的装修好看、省心又省钱，还能让你一下从家装市场让人眼花缭乱的产品外观中解脱出来。

诀窍就是，**将房屋系统设备隐藏起来，如果不能藏起来，那么就选最简约的**。不要让设备本身过于显眼，而要让这些房屋系统设备在幕后工作：

- 一进屋，门厅感应到你的归来，鞋凳下不知是什么光，自动亮了起来，照亮了鞋子。
- 打开客厅的灯，看不到晃眼的吊灯、吸顶灯，只有柔和，又能照亮四周的漫反射光从吊顶四周的缝隙中散发出来。仔细看还有几盏圆形嵌入式射灯，默默地把家中的展示品照亮。
- 打开空调，不知从哪吹出了一股清凉的冷风，只降温又不直吹，甚至听不到空调运作的声音。夜里睡觉时也没有一颗小红灯或小绿灯像幽灵般悬在头顶上。
- 冬季，四墙下看不到丑陋的暖气，但暖意却由脚底而生，一点也感受不到冬天屋外飘雪的寒冷。
- 无论走到哪里，手机 Wi-Fi 信号都满格，但也没有察觉到家中哪里突兀地挂着一个像是八爪鱼的路由器。

将房屋系统设备藏起来，是装修设计中最考验屋主把控力的环节。装修后，房屋系统就应该如同《天龙八部》里的扫地僧一般，平时低调不起眼，需要时才展现一身武功。

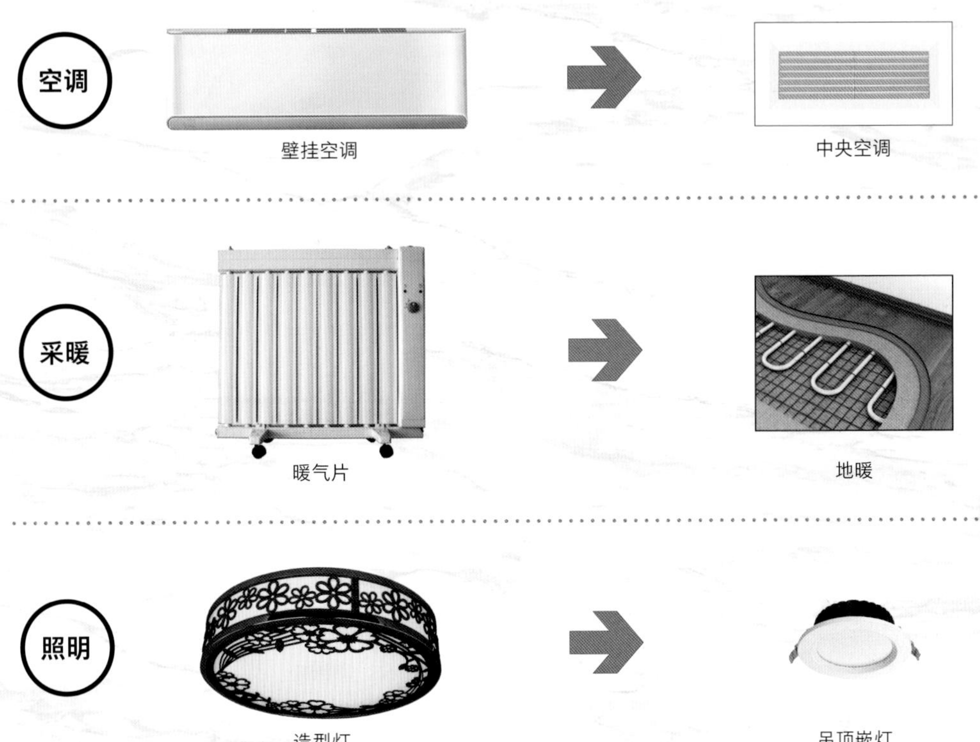

什么样的空调好看？看不见的空调（中央空调）最好看，什么样的暖气好看？地暖最好看；什么样的灯具最好看？隐藏式射灯最好看。如果做不到消失，那也尽量把它们的存在感降到最低。空调如果没法做成中央空调，那么壁挂式空调的外观也应当选择白色没花纹的，位置靠近墙角（让露出的空调线路越短越好）。灯具选择最简约的嵌入式筒灯和漫反射氛围灯，如果没做吊顶，可以设计两排轨道射灯平行于长边。尽量避免造型灯（主灯），而客厅卧室都可以不要主灯，因为主灯特别容易选不好，如果不小心选错了对视觉影响极大。总之，最省心、省钱、好看的外观方案，就是基础款、无存在感的光电水暖设备。

第3步

装修风格

家的格局和功能通过前面两步完成了，那么未来的家到底应该装修成什么样子呢？

我的建议是：现代的样子，即现代简约风格。

不论哪种文化、哪个国度都有着其对应的现代风格，不能认为代表中国文化的只能是古典中式，代表日本文化的只能是榻榻米和推拉门，代表欧洲的只能是文艺复兴时期的巴洛克和古罗马柱子。别忘了还有新中式、新日式以及现代西方风格。它们的共同特点，就是运用现代的材料、高科技的手段和各种新派的装饰和家具。现代简约的风格，最为符合现代这个时代的审美。

想要实现现代的装修风格：

首先主材要现代。主材指的是硬装部分的地面、墙面、天花板以及门窗。它们的选材应符合时代的潮流，例如地面可以选用当下流行的鱼骨纹或人字拼地板；现代的墙面可以是四白落地的乳胶漆；而现代的天花板通常都采用简约大气的石膏板大平顶吊顶；现代的门窗是大方的样式和黑色金属的搭配。

其次家具要现代。古典的家具不便宜、不实用还不美观。简约又好用的现代家具是当代家庭装修的最佳选择。

装修的最后阶段，别忘了再用现代的装饰做点缀。让家中的每一个细节做到时尚、讲究、高雅，整个家才会看起来精致有品位。

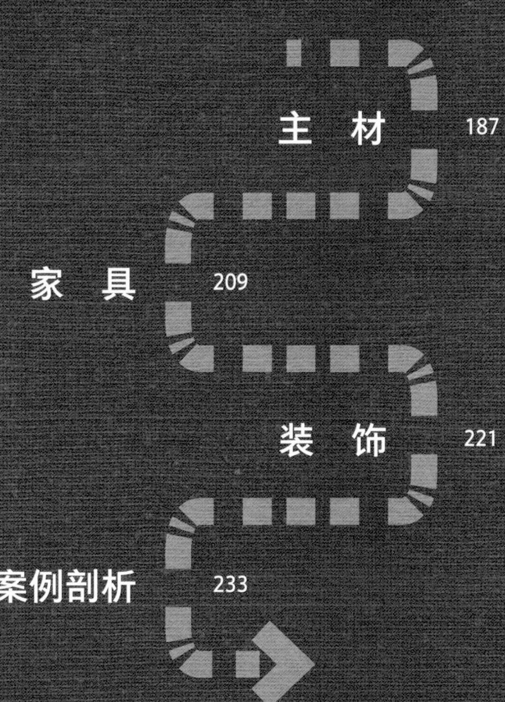

装修风格

为什么有些装修风格这么土?

提到装修，总离不开风格，不少装修公司甚至在报价单中总结出了很多种风格类型供客户挑选——欧式、简欧、美式、日式、中式、东南亚、地中海等。

回顾一下这些风格在中国装修市场上的发展历史：

十几年前，最早流行起来的是古典欧式，各种浮夸的线脚、繁杂的花纹，恨不得在客厅中间摆一个断臂维纳斯。至于在西方无人问津几百年的巴洛克风格在国内的风靡，大概也离不开装修公司的推崇。那些浮夸的、没有功能性的装饰自然都是装修公司在幕后受益，材料费、人工费都赚得钵满盆盈。

后来消费者们似乎也想明白了这个道理，不那么大动干戈地搞无用的装饰了，于是装修公司们趁机又推出了简欧，但说是“简欧”，其实往往一点也不简，仍是层层叠叠的复杂吊顶和花里胡哨的电视背景墙。只不过是装修公司认为你没钱装“欧”，就只好让你选简欧了。

最近又流行起了美式乡村风、地中海风、日式风和东南亚风。装修公司趁着出国游的热潮，凭着网上的图片和脑海中的印象，臆想国外的样子，整出几个其实外国并没有的国外风格。

上面提到的风格，不论是东方的还是西方的，东南亚的还是地中海的，其实都是拙劣的模仿，甚至都是无稽的、可笑的装修手法。

现代的住宅应该是现代的样子。如果你翻一翻国外的当代住宅优秀案例，不论是日本、东南亚还是欧美国家的装修，从来都不会使用这些风格，它们的样子都高度类似。不同地域、不同文化之间可能只有细微的材料差别，但手法都一致——现代简约。

某装修公司效果图

这些风格误导了整个国内市场，让大家走火入魔了，让大家忽略了装修的本质——提升未来的居住品质。忘掉这些风格，还原装修真正的目的吧，打造一个真正舒适和美观的家！

不推荐采用这些风格

以下这些都是会令你装修的开销无数，却又对家的美观和实用没有实际益处的风格：

古典欧式风

所谓古典，就是古老的意思，当代的欧洲住宅可不长这样。貌似雍容华贵，但却华而不实。主要的模仿对象是古代（16 世纪）欧洲的巴洛克、洛可可风格。

美式乡村风

也叫美国田园风，模仿的是美国乡村别墅，雕花的柜门、像葫芦一般的桌腿和一顶吊扇几把木椅子是美式最典型特征。它的乡土味浓重，在美国也并不存在。

新古典风

简化了线条的古典欧式风，其实就是装修公司给嫌古典欧式太贵的客户推出的低价位档。

地中海风

拱形、船舵、瓦蓝色就是地中海风的特征。这是由中国人独创的一种装修风格，在国外见不到。

传统中式

古代中式，长辈们装修最钟爱的一种风格。就算买不起红木家具，也要把地板木门刷成红木的颜色。

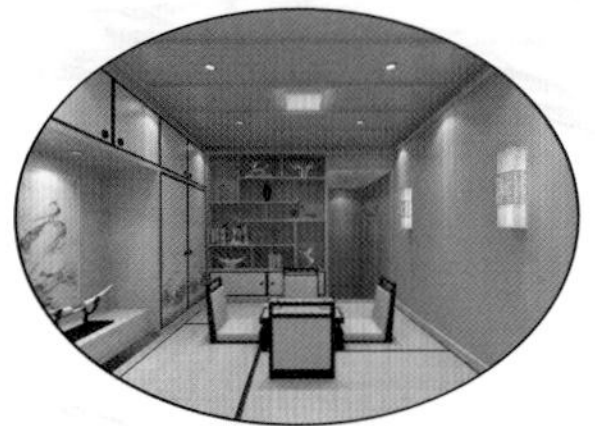

传统日式

日式风算是这几种风格里最简约不浮夸的了，但放到中国，还是稍显奇怪。

什么才是美的装修风格?

把上面几大风格统统忘掉吧。那些浮夸的风格，都已经被时代所淘汰。现代的住宅就应该是现代的样子，而不是几百年前的样子。如果非要命名现代住宅的风格的话，那么这种装修风格就应该叫作：**现代风格**。

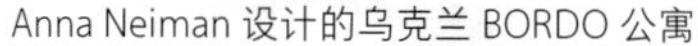

Anna Neiman 设计的乌克兰 BORDO 公寓

Mike Jacobs 设计的美国 San Lorenzo 别墅

只要翻一翻建筑和装修网站上的优秀案例，你就会发现，住宅装修，不论东方还是西方国家，也不论面积是大还是小，装修程度是精还是简，都有一个共同的特征：**简约现代**。你会发现，在这些住宅里找不到酱油色的地板，找不到一圈圈回字形的吊顶，找不到花枝招展、五颜六色的灯，找不到雕花的门和门把手，更找不到木质墙裙和天花石膏线。

一个人的**生活观、消费观、审美观**，统统都会在他所负责的家庭装修中体现。现代的装修风格全靠房屋主人（设计者）对于现代材料（主材、家具、物品）的审美理解。只有对现代的理解透彻，材料才能用得美、用得恰当。

怎么才能拥有美美的家装风格？其实很简单，装修所需的材料物品全部都选择现代的、有设计感的材料即可。

打造现代的装修风格

=

现代的主材 + 现代的家具 + 现代的装饰

什么样是现代？

怎么能让选购的装修材料足够现代？需要注意以下两点：

摒弃小手法。装修时切忌抠小细节。抠这些“小装饰”“小情结”，做出来的装修也会是小里小气的，比如某一个门把手上的小雕花，某一款门上“黄金分割比例”的金属贴条，某一排卫生间瓷砖的花纹或是图案，某一款茶几的金色腿像鹿角一般弯来弯去，等等。

现在的装修市场展示的样品都充斥着低端审美，为了能够吸引顾客眼球而过于浮夸。所以，在装修和采购的时候，你需要用你强大的意志力来对抗这些市场上的低端审美产品。在当前这个浮夸风气盛行的装修市场中，若不加以猛烈抵抗，这些小浮夸、小装饰、小手法们就会势如破竹般跑到你家来。

强调设计感。并非将整个房子用最简单无为的方式做，就能达到简约现代的效果，那样可能只会让房间变得简陋。选材上要强调设计感、艺术感，家中有艺术感的东西多了，品质和格调自然会提升。家具和装饰品的选型尤为重要。

澳大利亚 MPRDG 设计的 Hewlett 街住宅

主　材　MATERIAL

第 3 步 | 装修风格

装修中的主材有：地面材料（木地板、瓷砖或石材）、墙面材料（墙漆）、天花板材料（吊顶）、门和窗户。这些都是在装修的硬装部分完成的。

而这些材料将会决定家装的大体风格走向，所以在挑选主材时不仅要考虑价格和环保，还要保证它的外观和手法是符合现代潮流的。

凡是现代材料，其实通常既省钱又省力，还非常美观时尚。

主材——地面

地面杜绝花哨

用多种不同材料划分区域

1. 不要划分地面区域

我见过有朋友在装修时，单单在卫生间里就铺了三种瓷砖，洗脸池地面是一种，马桶区域是一种，淋浴区域又是一种。结果费力又不讨好，使得原本就不大的卫生间看起来更小了。

颜色突兀的过门石

有人甚至认为好不容易装一次房子，那么就每个房间都用不同品牌的地砖吧。好像如果不将马可波罗、蒙娜丽莎、达·芬奇、诺贝尔等大师的名字踩于脚下，就会遗恨终生。

颜色突兀的过门石（门槛石）更是一种丑到极致的划分区域方式。如果装修时必须使用过门石，则至少要和瓷砖统一颜色。

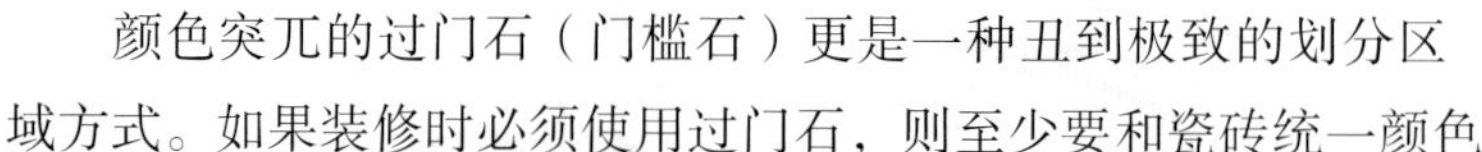

在地面材料的处理和选购上，**切忌用力过猛**。入住之后你会对家熟悉得很，并不需要通过颜色材质才能识别房间的功能。选择统一的材质，大面积通铺效果会更好。

2. 不要用花里胡哨的踢脚线

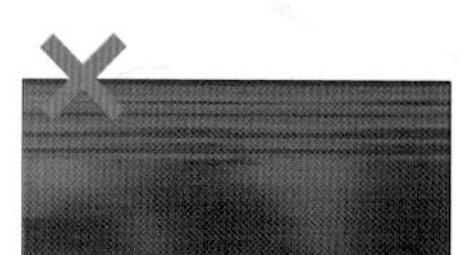
突兀且线脚繁杂的踢脚线

踢脚线存在的目的只是遮住地板与墙之间参差不齐的缝隙。它存在于墙上，是墙的一部分，所以应当和墙选择同一颜色。

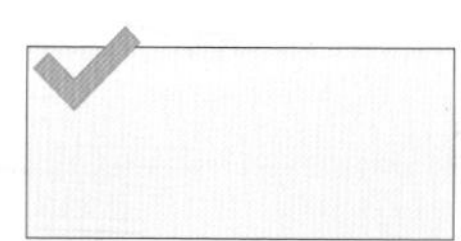
和墙面统一颜色的踢脚线

踢脚线本身并不美观，不仅不应该凸显踢脚线，还应当尽量降低它的存在感。许多现代住宅都**压根没有踢脚线**这种东西。另外，踢脚线应当和墙面使用同一材质（比如白色），让它成为墙面的延伸，更能增加房间视觉上的高度。

木地板是不错的选择

温馨自然的橡木色地板

地面材料怎么选？简单统一就会好看，不求单独一块地砖好看，而要讲究整体效果。可以全屋地面使用木地板满铺，打造出全屋统一木材质的温馨感觉。更喜欢瓷砖质感的话，也可以选择木纹的瓷砖。总之，木质是让住宅充满人情味和生活气息的绝佳选择。

木地板分类

木地板可以分为两大类：实木地板和复合地板。而复合地板中又可以细分为实木复合、强化复合和软木等几个不同种类。个人推荐选购复合地板，实惠、耐磨、好打理、不娇气。

实木地板

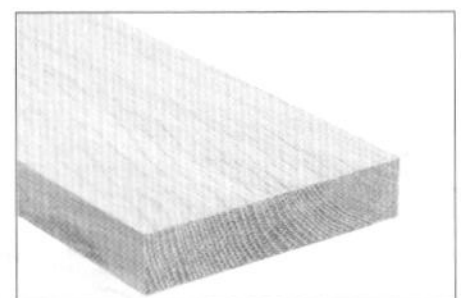

花纹自然。但不耐磨、怕水，用久了容易起拱，变形率高，踩下去会有声音。通常需要用龙骨支撑。用地暖的话不适合使用实木地板（因为过厚且易受热变形）。价格较贵，打理麻烦。

实木复合地板

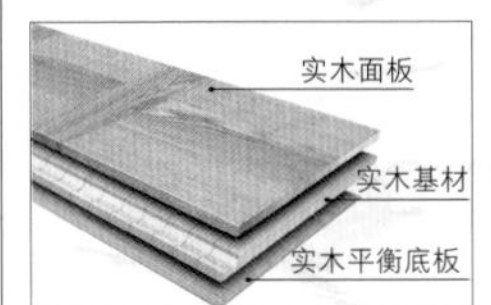

由多层实木薄片压制而成，所以基材确实是实木（而不是木屑），比实木地板耐磨、变形率也低。凡是复合地板都无须打龙骨，适合铺设地暖。每平方米价格通常在150元以上。

强化复合地板

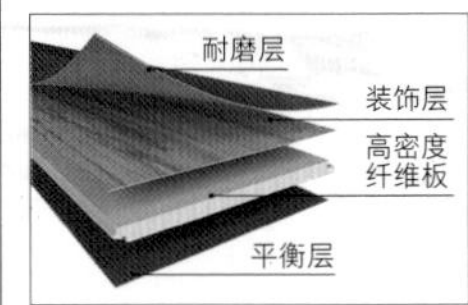

简称复合地板，基材是木屑压制而成的高密度纤维板。表面有耐磨层，不易磨损，甚至水泡也不易变形。价格最便宜每平方米几十块，大品牌强化复合地板价格大约在100元~300元。

软木地板

和葡萄酒瓶的软木塞是同一种材质（栓皮、栎树皮打碎后压制而成），脚感最好。防潮性能优越，甚至可以用在卫生间。但不够耐磨，怕尖锐物。价格较贵，每平方米200元~700元。

地板拼接方式

地板的拼接方式也会影响装修的最终风格。说不定改变一下拼法，可以立马让室内空间的氛围变得有情调、有质感。地板厂家的安装师傅默认是错拼，也是最常见的拼法。最近装修中更加流行的是鱼骨纹和人字纹，你可以按照自己喜欢的风格对师傅进行拼接要求。

错拼

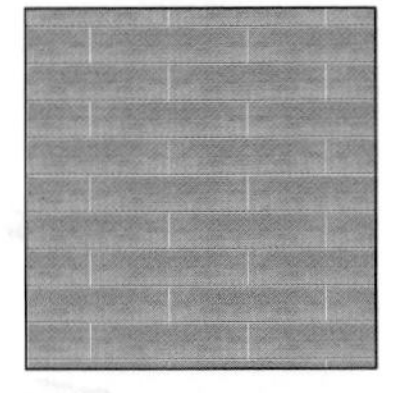

最常见的地板拼接方式，类似砌砖的手法。非常有规律，讲究统一和秩序，不论是石材瓷砖还是木地板，都适用的拼法。

人字纹

近年来大热的地板拼法，时尚与复古的结合，可以创造出有别于错拼的变化和趣味。适合喜欢复古情调的文艺范家装。

鱼骨纹

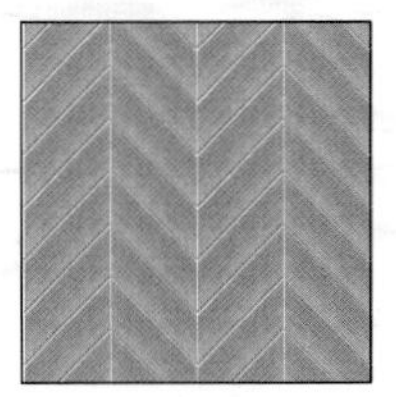

虽然和人字纹很像，但其实像鱼骨一样对称，所以并不是人字。鱼骨纹地板的最大特征是：板块不是矩形。所以需要在采购时注意。

平贴

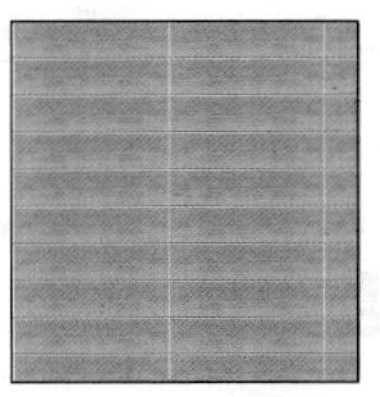

平贴是在瓷砖石材中最常见的做法，而在木地板里却较为少见的拼法。

石材也是不错的选择

硬质地面比如瓷砖、石材都是家里装修不错的选择，但要注意以下两点：

首先，石材搭配的家具风格最好是**简约现代风格**。而不能是中式、日式等传统风格家具，因为东方风格家具更合适搭配的地面材质是木地板或水泥自流平。只有当一把金属皮质的巴塞罗那椅，立在反射着落地窗倒影的抛光雅士白大理石地面上，这画风才正确。

西式现代大户型中“霸气外露”的石材地面

其次，运用石材的精髓在于“**霸气外露**”，如果外露不出来就不建议使用。大户型推荐使用石材，因为地面上的家具不会摆得很满，几十平方米的客厅只在正中间摆放两个沙发、一个躺椅、一个落地灯，放眼望去能看到大面积的大理石地面，营造出一种质感高级、视域广阔的视觉效果。而小户型的地面往往没办法“外露”多少，客厅卧室几乎被家具全部挤满，这时用大理石，只能从家具间隙中窥见几道砖缝，与木地板最大的差别恐怕只是脚感冰凉。

我个人非常推崇两种大理石纹理：

1. 雅士白（Ariston）

白色中带着一些淡灰色纹理，非常纯粹且安静，适合现代装修。

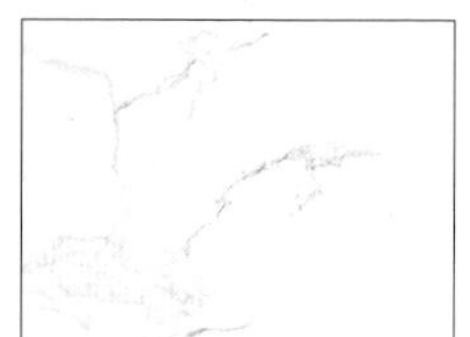

雅士白大理石
典雅又纯粹的现代气质

2. 黑白根（Nero Marquina）

如果整个家都是白色的，则会太单调，这时可加入一些黑白根来进行撞色搭配。在现代家装风格中，黑白根与雅士白是一对绝配。

黑白根大理石
高贵又沉稳的贵族气质

不推荐带花纹图案的石材，运用石材的目的是营造室内质感，而不是在地上画画。用几种颜色的石材进行拼花，做出来的效果一定是土气十足。

另外还需提醒一点：如果用石材，就争取大面积用石材，至少要一整堵墙，或是整个房间的地面，而不要拿石材做点缀，比如砌一个罗马柱或者在客厅电视墙上局部用几块石材。它们在那里并不会起到点睛的作用，反而会破坏家里原本的风格。

不推荐带图案的石材

砖块宜大不宜小

不要因为卫生间的面积小，就把砖块也选成小砖，这样只会把家越做越小。用材大气，才会让家里显得宽敞。建议卫生间墙地都用 60cm × 60cm 的大砖铺设，效果会平整大气。

小里小气的马赛克

60cm × 60cm 大砖铺设

美缝剂可以用

当贴完瓷砖，缝隙怎么处理？推荐使用美缝剂，因为和普通勾缝剂相比，美缝剂让砖缝更加美观干净、耐潮湿、好打理。

瓷砖中间那道缝隙的默认填缝材料，通常是白水泥或勾缝剂，价格低廉，容易发霉。美缝剂其实就是填缝剂的升级版本，比普通填缝剂增强了防水性，通过环氧化物来防止霉菌生长，并且本身强度高、硬度大，更耐磨，是完美代替勾缝剂的填缝材料。如果嫌全屋美缝太贵，可以只在有水房间的关键部位做美缝：卫生间地面、淋浴湿区墙面、厨房灶具附近墙面。

勾缝剂

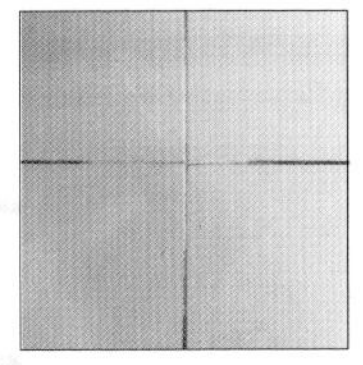

最普通的默认勾缝材料，基底是白水泥，易生霉菌。硬度低，不耐磨，不耐污垢，容易发黄发黑，但价格最便宜。现在也有品质较好的添加了防霉剂的填缝剂——改性水泥基填缝剂，可以选用。

美缝剂

美缝剂使用了环氧树脂，具有极佳的防霉防水性能，能让瓷砖缝的质感更加光亮。但美缝剂的缺点是价格较贵，通常 30 ~ 40 元 /m² 包工包料。相比之下，也有防霉作用的改性水泥基填缝剂，则价格实惠很多。

美缝剂怎么选色？

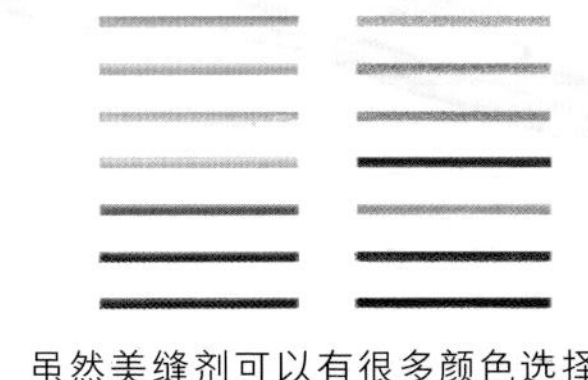

虽然美缝剂可以有很多颜色选择，但并不建议选择非常跳的颜色，比如土豪金和闪亮银。建议大家选择和瓷砖尽可能相似的美缝剂颜色，以降低砖缝的存在感。

主材——墙面

墙面杜绝花哨

装修时最容易把控不住自己的装饰欲，总觉得要做点什么，不敢四白落地，结果花了不少钱可能还做出了让人不忍直视的墙面装饰。装修要贯彻这句话：做多不如做少，大胆留白。

1. 不要划分墙面

墙面要做得整体，大面积同一材质才会显得大气。而如果将墙面划分成几个区域，只会让墙显得更加矮小。墙裙是划分墙面的最典型代表，只有旧时代的筒子楼、老干部单位和学校的走廊才经常做墙裙。

墙裙——又丑陋又接灰尘

如果卫生间通过腰线划分成上中下三种瓷砖，只会让本来就很拥挤的卫生间更加凌乱，这种做法就叫过度装饰。

腰线瓷砖——农家乐的既视感

2. 不要用护墙板、软包墙

为什么装修队总希望你做墙裙和护墙板？因为如果你不做，木工就没活干，捞不到钱。施工队未必是想让你的家更加“美观”，他们只是单纯地想要多做活。而软包墙更是一个字：丑。有时这种软包墙两侧还要有玻璃拼镜，效果令人不忍直视。这都源于当年盛行的 KTV 风。

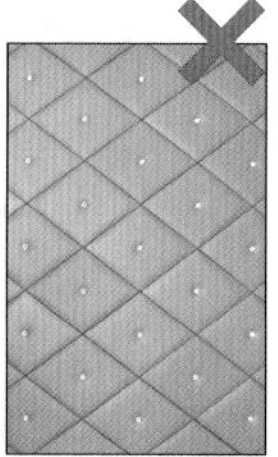

KTV 风的软包墙

护墙板 = 丑陋接灰 × 2

3. 不要做花哨的电视背景墙

有时房子装着装着就容易上头，忘了装修的初衷和审美，只是使劲地往多做。花哨的电视背景墙绝对是装修上头、过度装饰的最典型代表。

装饰过度的电视背景墙

请大家回想一下装修的目的是什么？是打造一个家，一个温馨舒适的家，而不是做出什么花样来。一切与提高生活质量、舒适度、质感无关的东西，都不应该存在于家里。

4. 不要乱用颜色

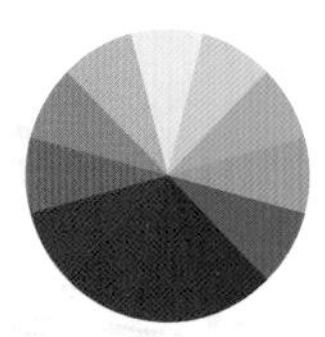

装修的时候，大家总是蠢蠢欲动想要挑选自己喜欢的墙漆颜色。但暗红、墨绿、纯黑这些颜色还不敢用，只敢用浅浅的黄、淡淡的灰、薄薄的粉等。这种降低饱和度的用色方式，就叫作用色“脏”，淡黄、淡粉、淡灰并不会让你的家变成像北欧风那样富有艺术气息，只会让刚装修完的新家如同老房子一样脏兮兮。所以，除非你很有艺术修养，很有配色想法，否则不建议用除白色以外的其他墙漆颜色。

墙面全白就很好

说了这么多，那到底墙面应该怎么做好呢？其实很简单，全部刷白漆就好了。

很多时候什么都不做，比使劲做的效果更好，也更需要胆识和判断力。绝大多数看起来非常美丽温馨、有艺术气息甚至是高贵奢华的住宅案例中，墙面大部分都是白色。

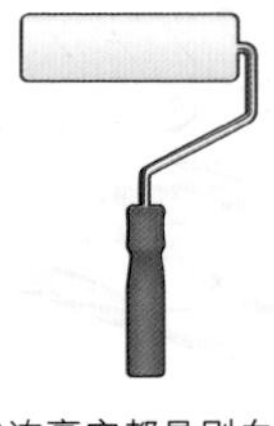

就连豪宅都是刷白漆

乳胶漆

通常家里墙面刷的漆，都是乳胶漆。可以理解为“墙漆 = 乳胶漆”。与之相对的是“油漆”，油漆是以有机溶剂为介质，而乳胶漆以水作为溶剂（水性漆）。凡是水性漆都比油漆更加安全，无毒无味。现如今绝大多数品牌的内墙漆都是乳胶漆，大品牌内墙漆可以放心大胆地选购。

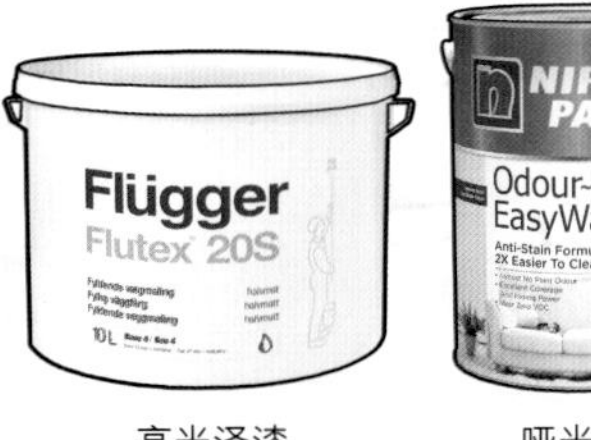

高光泽漆　　哑光漆

当然，乳胶漆作为墙面装饰材料也并不是完美无缺的，再高端的漆久而久之也会有裂纹，这并不是漆本身的问题，而是大自然的规律——热胀冷缩、地壳运动。

就算刷白漆，也有不同的光泽度可供选择，最常见的两种就是：哑光和高光，两种光泽度各有千秋。

墙面可以和地面用同一材质

传统的思维惯性告诉我们要通过材质划分区域，而墙面和地面属于不同类型，肯定是需要用不同的材质加以区分吧？

用材质划分区域完全是画蛇添足的，属于多此一举，应当在装修中避免这种先入为主的偏见。所以在这里，再次提醒大家：装修时，不要用不同材料划分区域。

墙面地面甚至连家具都可以是同一种材料

某些房间，尤其是卫生间、厨房，不仅墙面和地面可以使用同一种材质，甚至连家具、台面，都推荐和地面统一材质，营造出大气的效果，还省了逛建材市场的时间。

可以让一堵墙与众不同

卧室床对面的黑色大理石墙面

家里全部白墙确实会让人感觉单调、缺乏层次感。这时，可以选一堵完整的墙，把它做成不同的颜色和材质。让家里的装修风格更加有质感和变化。

这堵墙可以是卧室床头后面的墙，也可以是卧室床正对面的墙，或者是单调长走廊中的一面侧墙，还可以是客厅里的一面墙。

但需要你把握住这两个原则，才会让这堵与众不同的墙既美观又自然：

1. 要选一堵完整的墙，而不是墙上的某一块局部。要让人感觉这堵墙原本就是木头或是石材做的，而不要让人一眼就看出是后粉刷出来的。

2. 如果这堵墙上有门，那么争取让**门和墙用同一种材质**，可以用整墙木贴面和隐形门的手法。

墙面除了用白色乳胶漆，还可以用整面的石材（如黑白根、雅士白），以及木质贴面（橡木、胡桃木）来装饰。

这时有人可能要问了：可不可以用壁纸、硅藻泥等其他“新型”材料作为墙面主材呢？

我的观点是，不推荐。

胡桃木贴面墙与隐形门

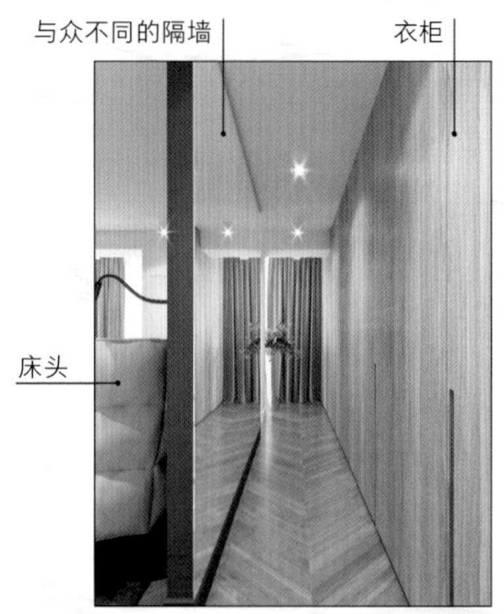

黑墙 + 镜子，打造与众不同的分隔墙

不推荐壁纸

不推荐家里贴壁纸。原因有这几条：

1. 容易空鼓、翘边。不论施工质量如何好，毕竟那么多接缝，手机贴膜尚且容易有气泡，更别说几十甚至上百平方米的墙面。并且不能修补，有一点点的损坏就只能整幅重贴。

2. 容易选丑。如果你的审美水准不是大师级，那么不建议乱选墙面的颜色和花纹。否则墙面花里胡哨的图案和稀奇古怪的颜色很容易成为装修中的败笔。所以，壁纸并不一定就比乳胶漆更美观。

3. 吸附灰尘。壁纸有的是带凹凸花纹，或是绒面的，看似有质感，其实那还是灰尘的收集器，每个月都要用吸尘器吸一吸壁纸。

4. 环保性存疑。毕竟要用胶粘到墙上，安装师傅用的是什么胶就不好说了。

5. 价格略贵。通常壁纸含辅料安装的价格在每平方米几十到几百元不等。

不推荐硅藻泥

如果是为了除甲醛而买硅藻泥做墙面材料，那就真的是交智商税了。硅藻泥其实就是硅藻生物化石与石膏石灰混合成的一种材料，表面粗糙，具有吸水性强、能防火阻燃的特点。但国内厂商把硅藻泥的功能吹上了天：什么“光触媒”“负离子”。不就是海藻吗？还是化石，能吸附就不错了，更不可能进行光合作用，妄想用它来分解全屋的甲醛，用一屋子硅藻泥的除甲醛效果可能还不如开窗通风十分钟有效。选购墙面材料的目的，是装饰墙面，而不是除甲醛，想要除甲醛有单独除甲醛的方法，具体方法参见第二步房屋系统中暖通系统一节。

当然硅藻泥也不是一无是处，很多日本的建筑都爱用硅藻泥，主要利用其调节室内湿度的能力（吸水性强），并在墙上营造一种古朴的质感。硅藻泥本身确实较为环保，至少自身不会散发污染物。

但由于硅藻泥的缺点明显：表面粗糙，脏了完全无法打理。并且由于不良商家过分吹捧，导致价格昂贵，所以并不推荐购买。

主材——吊顶

做不做吊顶?

做不做吊顶估计是每个业主在装修时都会思考并犹豫不决的问题。

拒绝做吊顶的理由通常有两个：**一是怕牺牲房间净高，二是怕花钱**。

房间净高到底多少合适呢？其实国内不少人过分追求室内净高，觉得花了不少钱买房买的不仅仅是二维面积，而且是三维体积，于是在装修时最大限度保留室内净高，觉得这样才能保值。只能说这样的做法无异于舍本求末，其实：**敢于利用空间的设计才是好的设计**。不要对昂贵的房产空间不舍得利用，装修的本质就是往家里装东西。**2.4m** 的净高对住宅来说足够了，并不会令人觉得压抑，过高的净高只会增加空调的负荷并让整个家显得大而无当，并不能提升生活的品质和视觉的美观。很多出色的住宅设计，甚至不惜将地面垫高、做厚吊顶，以创造更多的功能和使用价值。充分利用空间，才能打造更好的居住环境。

还有很多朋友在装修时没考虑做吊顶，非常可能是因为没能认识到吊顶的强大作用。实际上，吊顶的功能性极为强大，它共有六大作用：

❶ 藏结构

将原本天花板不平整的地方，尤其是高低不一的梁遮起来，让天花板平整简洁。

❷ 藏照明

房屋系统中的所有设备都应降低存在感，照明灯具也不例外。吊顶是嵌灯最好的搭档。

❸ 藏水电

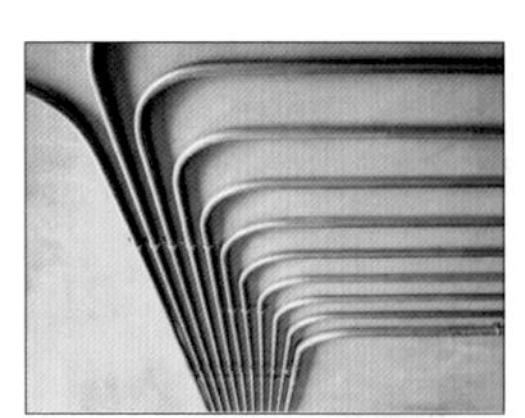

在厨房卫生间，水路、电路和排水管极多，用吊顶遮盖它们。

❹ 藏无线 AP

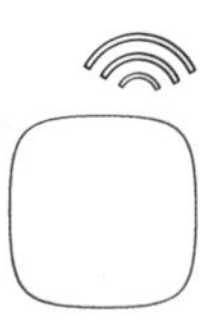

让无线 Wi-Fi 从吊顶上发散下来，比桌上摆个大蜘蛛（路由器）好看得多。

❺ 藏空调

中央空调的室内机及管线都可以藏在吊顶里，让墙面干净美观。

❻ 藏新风

将新风机和风管藏在吊顶里。只在需要的房间位置设置出风口。

中国特有的花哨吊顶

吊顶杜绝花哨

推荐做吊顶，但不推荐做层层叠叠、花里胡哨的吊顶。

然而这种繁杂又多层的造型吊顶广泛流行于中国市场。深思其原因：并不是房主喜欢这样的吊顶，而是装修施工队喜欢这样的吊顶——有利可图、有活可做。而缺乏装修经验和判断力的房主，盲目听信装修公司以及施工队的“美术指导”，也就助长了这种风气。使得这种土气风格如瘟疫般扩散至整个市场。

在这里明确地告诉大家，做得花里胡哨的吊顶，就叫土气的吊顶。

土气的吊顶是怎样炼成的？一招一式并不能创造出这么土的效果。它大致需要四种元素共同发力，才形成了这款有中国特色的土气吊顶。

土气的吊顶 = 造型灯池 + 石膏线 + 图案 + 主灯

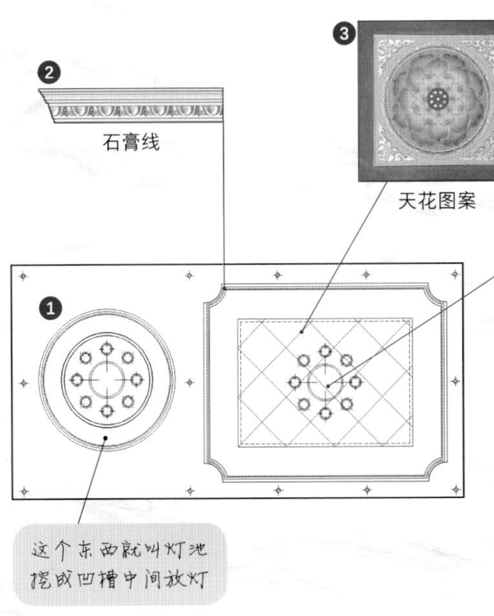

这四种元素，每出现一种，你家的吊顶的风格就会往土的方向更进了一步。如果你雇了装修设计师，在他给你画的一摞施工图纸中，如果有一张顶棚布置图神似左图，你就要当心了。

什么才是好吊顶

不要天圆地方，不要五彩祥云，不要古罗马的万神庙，也不要有一盏主灯挂在客厅回字形吊顶的正中间。把这些小技巧、小趣味、小审美抛开，把用力过猛的手法收一收，回归吊顶的本质作用——**藏**，而不是显。

真正的高档装修在做吊顶时，都尽心尽力为了达到一种效果：**干净平整**。

用吊顶这一手法把天花板做平整、做空旷，隐藏遮蔽有碍观瞻的功能性设备：灯具、结构（梁）、暖通、消防安保、网络无线 AP。让人看似没吊顶，以为只是天花板直接刷白漆，其实是下了许多功夫才能达到这一效果——**看似没有，却包罗万象**。

空空如也的大平顶，才是好吊顶

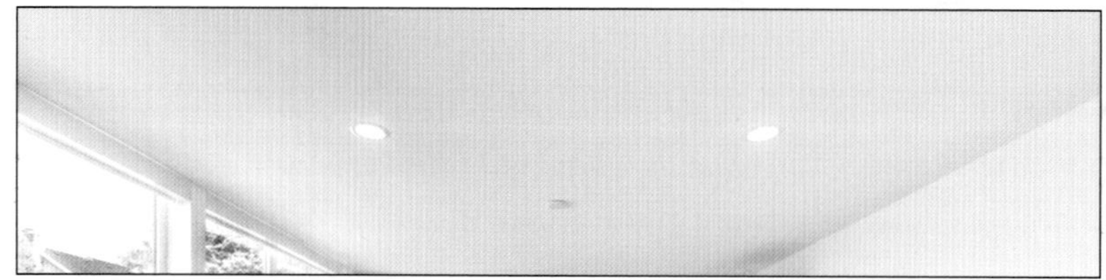

平面吊顶

做吊顶首推平面吊顶，或者叫大平顶，最现代、最简约、最干净，是吊顶的最佳选择。其材质通常是白色石膏板。另外可在房间吊顶的四边留宽为 10 ~ 20cm 的缝，用来藏洗墙灯灯条和做窗帘盒使用。

如果喜欢温馨的木质感觉，可以不用白色石膏板材质，而选用和其他家具、木地板颜色材质一致的木质吊顶（比如同为橡木、胡桃木），让人感觉你家是通过一整棵树木的木材打造而成，而不是东挑西拣随机购物而来。但使用木质吊顶的前提，是家里的采光要非常好，最好是有大面积落地窗，否则木吊顶会让家里亮度偏暗。

平面木吊顶

厨卫吊顶

其实几乎家家户户装修都会做吊顶，就算不在客厅、卧室做，也会在厨卫做。因为厨房和卫生间中，有许多水管、烟道要遮蔽，还有许多设备要镶嵌和隐藏。而厨卫又是水汽重的房间，涉及吊顶防潮，所以厨卫的吊顶是有别于其他房间的。下面是厨卫吊顶常见的两种材料：

防水石膏板

荐

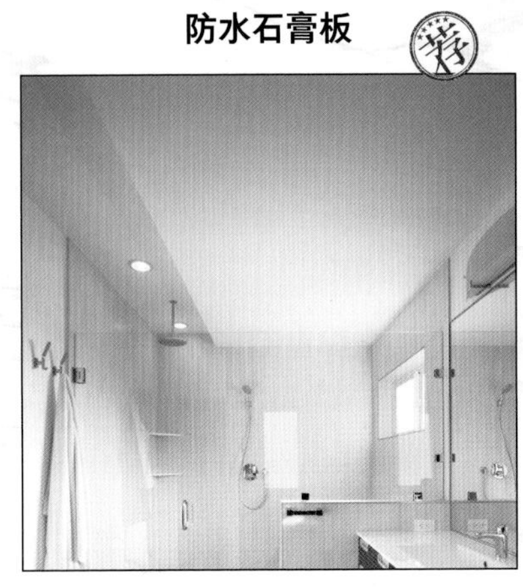

轻钢龙骨 + 防水石膏板 + 耐水腻子 + 防水乳胶漆，可以让厨卫拥有像客厅和卧室一样干净美丽的大平顶。这种吊顶在高档的住宅装修和五星级酒店浴室中最常见。

虽说石膏板吊顶不利于检修拆卸，可它通常会在易出问题的地方（如烟道接口处）留有检修口，另外排气扇拆下来也可充当检修口。石膏板吊顶寿命很长，只要用防水材料，用个五年十年不是问题，并不会比铝扣板的寿命短。

况且价格来讲也并不贵，通常防水石膏板吊顶的造价约为 250 元 /m^2（包含防水漆）。

平整、简约，不会因日晒而发黄，这些优点使得防水石膏板吊顶成为高品质厨卫装修的必选材料。

铝扣板（集成吊顶）

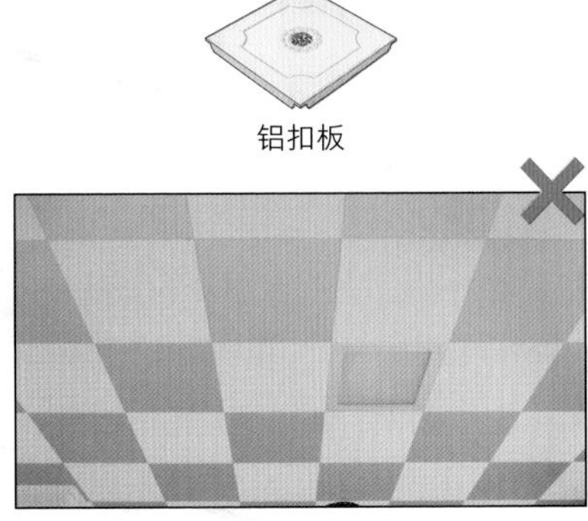

铝扣板

铝扣板吊顶最大的特点就是丑，就算全用纯白色，也弥补不了接缝和材料特质造成的廉价感。精心设计的住宅一定不会出现这东西。另外，不要把“集成吊顶”当成什么黑科技，其实就是薄薄的铝片，非常简陋地扣在龙骨上。

铝扣板吊顶虽然施工简单方便，但其价格可并不比防水石膏板吊顶便宜多少，造价依然要在 200 元 /m^2 左右。

它更加令人难以忍受的缺点是，用不了几年就会被晒黄，如果是西晒强烈的厨房，五年后就变成深黄色。

所以铝扣板适合过渡房、出租房使用。并不推荐对品质有追求且长期居住的家庭使用。

主材——门窗

在建材市场里选门，真可谓五花八门——各种繁复的装饰，各种金属条横一道竖一道地晃你的眼，有的带玻璃，有的有凹槽。而防盗门更加丑陋不堪，满眼的红棕色和浮华的雕刻，恨不得把对联和福字都雕刻在门上。

究竟什么样的门好看？真正答案是：**什么都没有的门才好看**。门属于墙的一部分，让门这个功能性的东西隐藏到墙里，就是最好看的样子。

入户门

每次出国旅行，除了领略当地风景和人文，作为建筑师的我总喜欢关注一些建筑方面的小细节，其中之一，就是国外的入户门。尤其是日本和欧洲的独栋小宅，每次走过路过都会忍不住多看几眼人家的门，甚至拿出速写本抄抄画画。他们家家户户的入户门几乎不重样，有纯白也有纯黑，也有奔放的明黄色，有木质也有金属，有现代玻璃也有古朴得像篱笆的。但无一例外，都很具有设计感，他们像对待自己的脸面一样对待自己家的入户门。而国内市场上的防盗门，千篇一律红棕的酱猪肝色，装修完家家户户的门都长得差不多，只能通过门牌号区分出自己家门。更有甚者，在门上做许多既沉重又浮夸的装饰，让我深深怀疑这些防盗门的设计师是不是都是做铁艺出身。

既然国内市场上的防盗门暂时可能做不到有设计感，那我们在选购门时，就选择极简的，什么花纹都不要，至少避免了土气和恶俗。

不推荐：丑陋的酱猪肝色防盗门

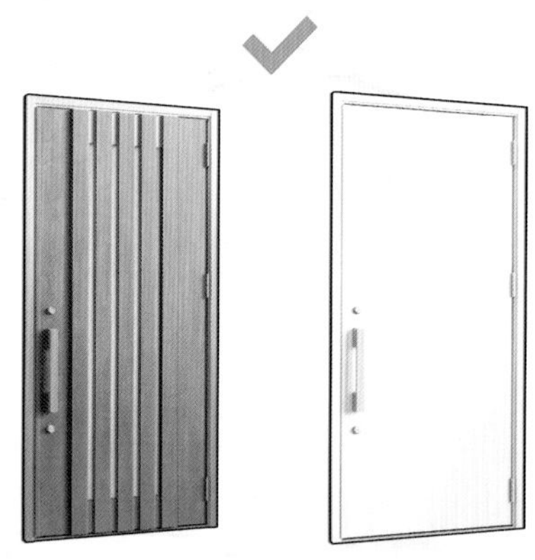
推荐：简约的入户防盗门

室内门

避过了入户门的坑，可不要在室内门上再次跳进坑里。以下三种都是不推荐选择的。

不推荐的室内门样式

防盗门棕红色就已经很丑了，室内门还要再用上棕红色，回到家中简直满眼油腻的味道。

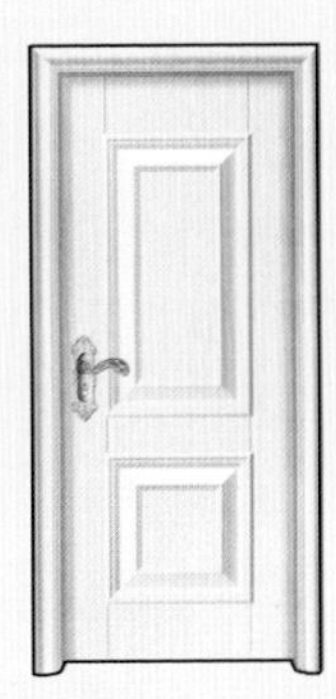

这下颜色可以了吧？可那层层叠叠的回字形雕花是怎么回事，是想要每天在家擦灰锻炼身体吗？

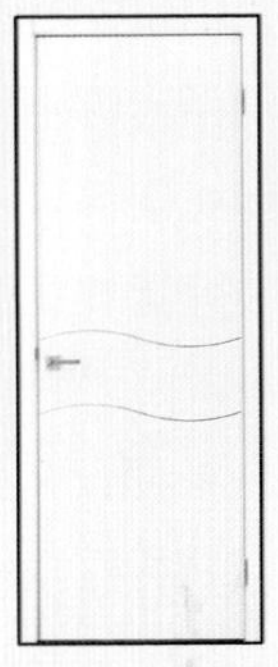

颜色样式都可以了吧？还是功亏一篑啊，加了两道奇怪的线条花纹，画蛇添足，小气！

室内门分类

平开木门

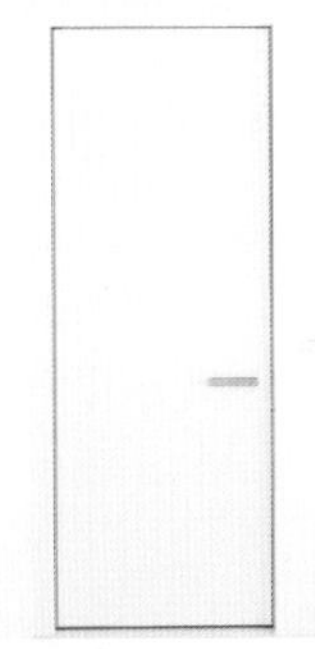

平开木门是最常见的室内门形式。建议门与墙面做成同一颜色材质，让门成为墙的一部分。另外平开门还可以选择超窄框和隐藏门形式。

玻璃门

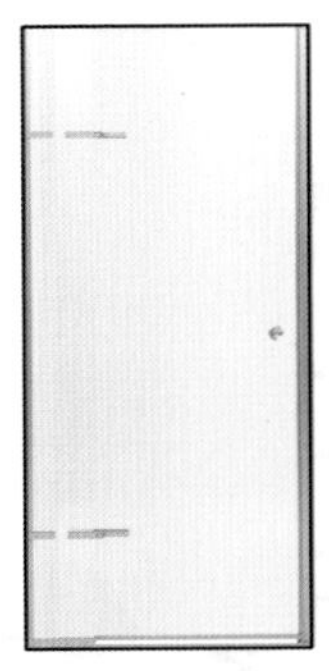

玻璃门用在卫生间干湿分区玻璃隔断处，可以是平开门也可以是推拉门。风格一定要简约，无框玻璃或超窄黑框玻璃都是很好的选择。

推拉门（谷仓门）

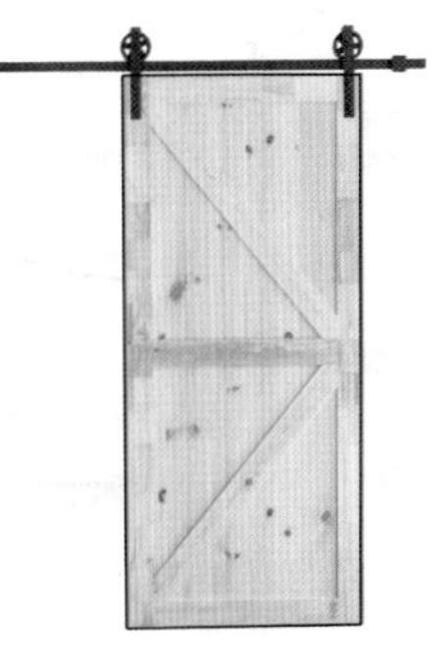

网红款谷仓门是推拉门的一种，通常用作厨房门。比较适合温馨的，以木质为主色的家庭装修风格。

折叠门

适合作为小户型的卫生间门，尤其是在使用平开门无法完全打开（如被马桶阻挡）的情况下使用。

不包窗套和垭口

木门厂家通常会在你家做门的时候，问你包不包窗套和垭口。如果这时你连窗套和垭口是什么都不知道的话，非常可能就默认做了，还花了不菲的价格（通常垭口和门一个价，在 2000 元左右）。

要知道这个理念：**门窗是墙的一部分**。所以应当尽可能降低门窗洞的存在感。而垭口和窗套会将门窗洞凸显出来，做出来既不美观也不简约。

有人可能要说："垭口和窗套是为了保护门窗洞的，否则容易被撞烂。"但实际居住起来会发现，门洞并不需要如此保护，不少十几年都没装修的老房子，门洞边缘依旧平整如初，并没有如想象中那样被撞得参差不齐。毕竟我们不是天天在各个房间之间折腾家具。只要在搬家时仔细一些，做一些防撞角的保护，比包垭口、包窗套划算得多。

所以，建议家里装修不包垭口和窗套，既省钱又简约美观。

把手要简约

装修真的太细、太琐碎了，细致到连门把手都要你来挑选和决定。所以往往到了装修后期，逛建材市场逛到疲惫不堪，就容易缺乏判断力。买室内木门通常会送门把手，可送的大概率都是繁杂的、丑陋的。想从众多门把手中选一个简约时尚、什么装饰都没有的是一件难事，需要你有着"出淤泥而不染"的强大把控力。

门把手的颜色可以是黑色、银色甚至是金色，关键是造型一定要选择极简的。某些房间甚至可以不要锁具，只要把手，这样可以让整体效果更加现代和美观。

不推荐：繁杂雕饰的门把手

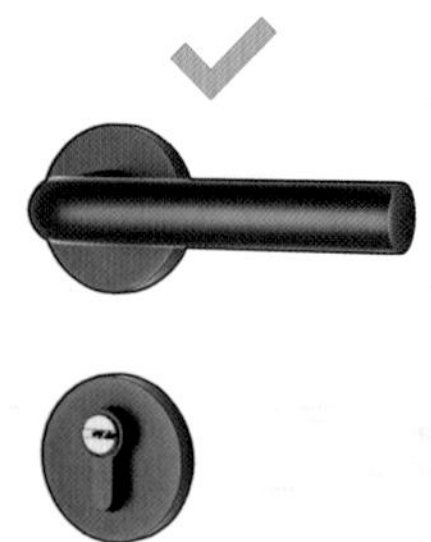
推荐：简约的黑色门把手

窗户进化史

与门不同，窗户对于材料的要求很高，更加强调功能性和实用性。窗户要遮风挡雨，要保温隔热，还要隔绝噪音。那么家里装修，窗户应该怎么选呢？我们先从窗户的进化历程说起：

第一代：木窗

从建筑有窗开始就有木窗，从几千年前的出土文物一直到20世纪80年代的一些老房子，木窗一直是早期的主流窗材。其缺点很明显：不防火、不防潮、不耐腐蚀、易被虫蛀。

第二代：铁窗（1910—1995年）

工业革命后人们开始大量使用钢和铁作为建筑材料。铁窗从20世纪20年代的上海租界区引入中国，解决了木窗易燃和虫蛀的问题，但仍不耐腐蚀，易被锈蚀。

第三代：铝合金推拉窗（1995—2000年）

铝窗在20世纪90年代开始流行起来，就是中小学教学楼那种一推拉就发出刺耳声音的窗户，铝窗不生锈，但缺点明显：窗缝大，漏风漏音（推拉窗的普遍问题）。

第四代：塑钢窗（1998年至今）

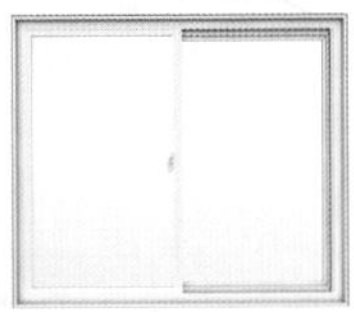

塑钢其实不是钢，是PVC塑料里面加了钢衬。其保温隔热性能极佳，也能平开，弥补了推拉窗的密封性问题。它保温隔热，唯一的小缺点是塑料易变色、易有划痕，至今仍是非常优质的窗户类型。

第五代：断桥铝窗（2005年至今）

本质上仍是铝合金窗户，只是中间加了一道尼龙隔热条。可别小觑这个尼龙条，正是有了它，让断桥铝窗成为最佳的窗户类型：保温隔热、耐腐蚀、密封性好、不变色。它属于家庭装修中最成熟的窗框材料方案之一。

窗户开启扇

伦敦 SUNKEN 住宅——无开启扇的窗户

许多国内外高档的住宅以及公共建筑都采用全部封闭窗的做法，效果非常现代简约、美观大气。那么自己的家能不能实现不用开启扇（全封闭窗）的想法呢？其实是可以的，因为通风换气的问题可以用新风系统解决，开启扇只要能满足擦窗的需求即可。想要采用无开启扇的窗户，满足下面两个条件之一就行：

1. 容易从外面擦窗。比如低层别墅或底层住宅，或是物业能定期清洁住宅的立面。总之，不需要开启扇就能够擦到室外玻璃。

2. 外界环境（空气质量）极为干净。就算长年不擦窗也不会很脏的情况，可以不要开启扇。

如果你家达不到上面任意一条，则无法实现超现代的全部封闭窗，那么还是老老实实地做窗户开启扇吧。可开启扇既昂贵又不美观，所以在做窗户时**开启扇的数量要尽量精简**，精简到足够擦窗即可。

国内常见的窗户开启扇方式分为：平开、上悬、推拉三种。当然还有平开上悬双重开启方式的窗户，可以在平开窗的原基础上加装上悬五金件。

平开

最普通常见的开窗方式，密封性好，通风最为直接，擦窗也最方便。可加装上悬件，同时拥有平开窗和上悬窗的双重优点。

上悬（内倒）

密封性和平开一样优秀，同时上悬还有通风不会直吹、下雨天就算忘了关窗也不易溅雨、开窗不占用室内面积、不会影响窗帘、夜里开窗也能防盗等优点。

推拉

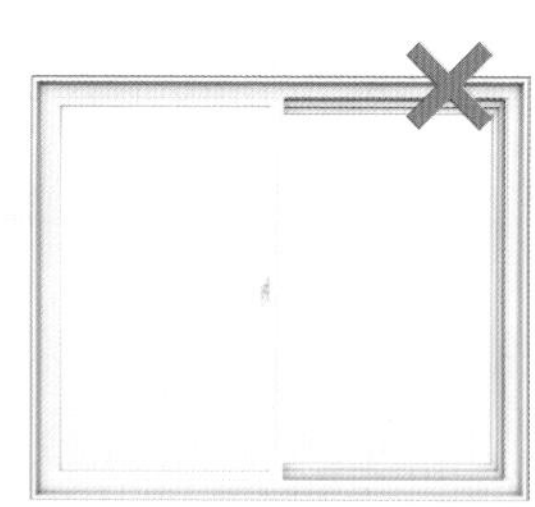
虽然推拉开启扇不占空间，并且可灵活控制窗户开启的大小来调节通风量，但还是不推荐使用推拉窗，因为其缺点很致命：密封性差，漏风漏音，几乎无法达到窗户的基本要求。

黑色窗框是个好选择

窗框颜色推荐使用黑色，现代的住宅普遍做法是将屋里的金属物品（门把手、水龙头、窗户等）统统采用黑色，效果非常时尚。

断桥铝窗怎么选

1. 型材

买窗第一是看型材（窗框），窗框的型号有 50、60、70、80 等型号。数字代表窗框的厚度（毫米），数字越高窗户越厚，保温、隔声以及气密性越好。如果住宅临街建议至少用 60 系列以上的窗户，而如果周边环境非常吵闹或需要保温，则建议 70 以上型号的断桥铝窗。

窗户型号:	55	60	70	80
室外噪音:	极为安静	略有噪音	紧邻马路	楼下广场舞
冬季温度:	有些寒冷	普通北方	非常寒冷	极寒地区

2. 隔热条

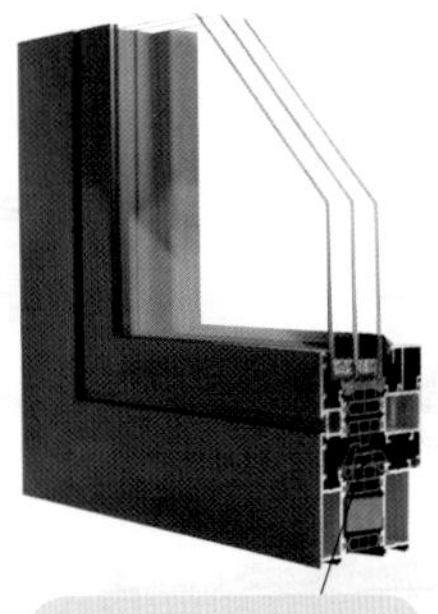

断桥铝最重要的部件——尼龙隔热条

第二要看隔热条材料好不好。为什么要看隔热条？咱们先来讲讲，什么叫作断桥铝，这并不是一种新型铝材：

“桥”指的是冷热桥。铝导热快，室外的温度马上就会通过铝窗传导至室内，铝就成了导热的桥。所以需要用一种介质把桥断掉。尼龙隔热条就是这个断桥介质，它卡在铝的中间，阻止铝继续传导温度。这样使得铝窗也能拥有极佳的保温隔音性能。断桥铝的主体材料，依旧是铝合金，光靠手指头敲、听响声是没法区分铝合金窗和断桥铝窗的，两者最主要的区别是有没有尼龙隔热条。

3. 玻璃

三看玻璃。玻璃是整个建筑中保温隔音功能最薄弱的地方。通常窗户型号越高，玻璃的厚度也就越厚、中空层越多。建议至少用 5 + 15A + 5（5mm 的玻璃加 15mm 空气层再加 5mm 的玻璃）的中空玻璃，追求隔音和防寒的朋友可选用双层中空：5 + 16A + 5 + 16A + 5 玻璃。

另外，除了玻璃要中空，窗户开启扇的密封条一定要严密，这样才能形成良好的密封性。

4. 五金件

最后看五金件好不好。好的五金件能保证窗户开关几十年顺畅，并确保开启扇能严丝合缝，拥有更好的密闭性。

可以不要窗台石

窗户下面可以不做窗台，把窗台部分的墙面当成正常墙面做就可以了，让瓦工把棱角抹平，油工刷漆即可。

如果一定要做窗台石，那么建议选用和墙面同样颜色的石材，比如纯白色大理石。尽量降低窗台石的存在感，让家里整体效果更加简约。

没有窗台石，干净利落

如果做窗台，建议窗台石与墙面同样颜色（白色）

大理石石材的厂家做的窗台石两侧通常都带着“小耳朵”，窗台石本身已经很突兀了，如果再有这两个小耳朵，更加破坏家里美观简约的整体装修效果。

建议不要窗台的小耳朵

所以，建议大家在做窗台石的时候，着意提醒石材的安装师傅，不要这两边的小耳朵。另外窗台石比墙面只突出 1cm 即可，尽量降低其存在感。

窗帘

窗帘既有极强的功能性——遮光，同时又会极大影响家里的装修风格。所以窗帘的选型和选材是非常重要的。首先不推荐带有图案的窗帘布料，或带有造型的窗帘。其次窗帘杆，也尽量做成隐藏式的，做成窗帘盒或吊顶凹槽，不建议选用造型浮夸的窗帘罗马杆。

单看很“好看”的窗帘布料

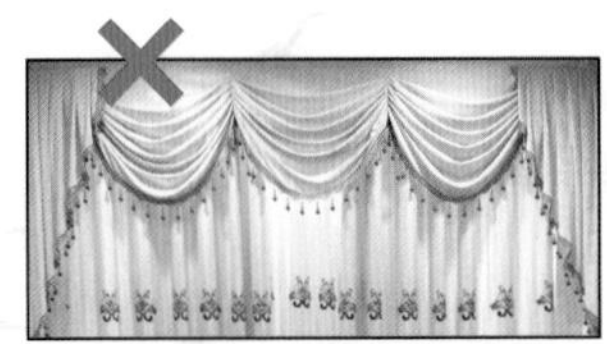

过于浮夸的造型窗帘

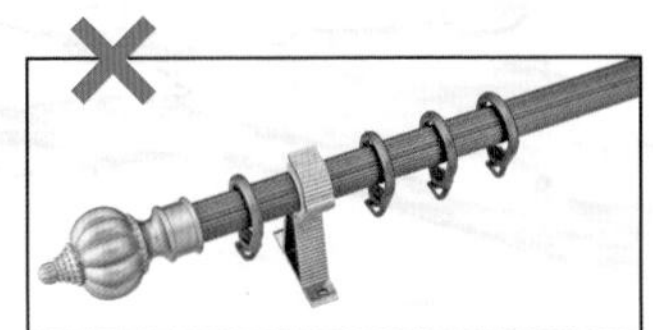

造型丑陋的罗马杆

那么家里装修，买什么样的窗帘才好呢？注意以下三点即可：

1. 颜色低调： 里层的白纱就不用说了，简简单单没有任何花纹的白色就很好。而外层可以是米黄、棕、灰，几种低调的颜色都非常适合。造型更是简约即可，不要有任何多余修饰。

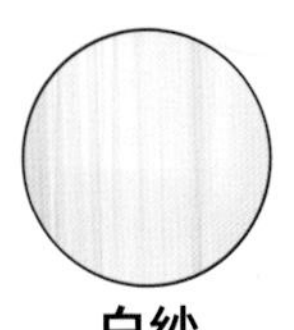

白纱

黄、棕

灰

2. 顶天立地： 为了让房间的视觉效果上增高，建议窗帘的尺寸不是按照窗户大小选择，而是要按照一整面墙的高度，顶天立地布置。这样看起来会显得这个房间非常宽敞明亮。当柔光透过白纱照进屋时，你的房间会有着大型落地窗一般的视觉感受。

3. 藏帘头： 窗帘顶部要藏起来。比如通过吊顶和原本天花板的高差（吊顶不要铺满，留出 15～20cm 凹槽），自然就会形成一个窗帘盒，用来藏帘头最美观不过，还不会漏光。

注：可以考虑在窗帘盒旁预留插座，以方便智能电动窗帘的使用。

吊顶凹槽自然形成窗帘盒

家　具　FURNITURE

第 3 步 | 装修风格

想要拥有一个摩登的家，不仅在硬装阶段要选择符合现代审美的主材，随后的软装材料——家具，更加需要选择现代风格的。只有当走进家门，目力所及之处都是现代风格的物品时，这个家才能真正契合这个时代的生活节奏。

家具

买什么样的家具？

相信很多朋友一逛家具城就头大，一边在脑海中思索怎样进行风格搭配，一边被映入眼帘的五花八门的家具所冲击；看上的家具死贵，没看上的家具却又打了特价，在这种环境下，选一款合适的家具真是难上加难！

其实只要明确了买家具的大原则，逛起家具城来就没那么疲劳和艰辛了。

原则就是：**买简约现代的家具**。所谓简约现代的家具，指的就是外形不做过度雕饰，由现代设计师设计的富有美感的家具。与之相对的是，仿照古董做的、过度雕饰的家具。再说两个选购现代风格家具的诀窍，让你轻松为家里添置高品位家具：

1. 买基本款家具（经济实惠）

就好比选衣服不知道怎么搭合适，那就买基本款衣服（比如 ZARA 和优衣库）就好了。而家具中也有主打基本款的品牌，推荐三个：宜家、无印良品和 ZARA HOME。它们三个虽说风格迥异，一个北欧、一个日式、一个轻奢，但都是基本款家具的代言人，每一款家具放在家里都会显得很恰当。

家具形式和配色也如同衣服的搭配，家具的颜色不要过于艳丽，最好是低调（低饱和度）的色系：黑白灰棕米黄即可。外形越简约越好，圆的、方的、直角的。虽然每一个单品家具可能单看其貌不扬，但当全部家具都进场后，总体搭配会让家的整体效果出众。

2. 买大师款家具（有钱任性）

追求时尚艺术并且有一定经济实力的朋友，可以考虑大师设计的家具。买大师设计的家具就好比买 GUCCI、LV 的包一样，怎么买也不会错。但如果决定买大师家具，那么最好整个家从桌椅、板凳到灯具，全部用同一档次，否则容易像是穿了拖鞋、背心和裤衩，却系了根爱马仕腰带一样突兀。建议在购买前多翻知名家具品牌的外国官方网站，熟悉了那些大品牌和它们的代表作后，再去家具城或海淘。

家具买基本款就很好

只要“第一步”空间布局都布置得当了，装修就已经成功了大半，这时家具选用基本款式，整个家就会很温馨美观了。

家具买颜色简单低调的，外形方方正正、没有雕花刻线的。柜子的柜门就选平的、没有凹凸的就很好。

不推荐的高档家具

如果觉得清一色基本款家具不够档次，想要买高档一些的家具。并不建议去家具城顶层的“至尊·皇家宫廷馆”或是坐落于远郊的红木家具城选购以下这些形状的家具：

与当代家装格格不入的仿古家具

为什么不建议选购这样的家具呢？别看它们大小不一、形状各异，它们其实都可归为一类——**过时的风格**。

古典欧式是过时的，巴洛克（Baroque）是存在于17世纪的一种艺术风格，欧洲的当代住宅早已经不用这种风格。而巴洛克这个词汇在意大利语和法语里本意就是“古怪、俗丽”的意思，如果家装用这种风格，屋主的服装是不是也应该穿成右侧这位男子一样，才和家具更搭一些呢？

美式田园风是过时的，它起源于美洲殖民地时期的乡村农舍，说白了就是美国旧时代的农村风，当代的美国住宅也不这样。

中式家具更是一大坑，主要卖的是一个噱头——实木。宣传口号也响当当：能传世、无甲醛、纯手工打造等。能不能传世还得存疑，说不定红木这东西有价无市，尤其是杂牌小作坊生产的实木家具更不好说有没有传世价值。更重要的是，笨重的中式家具放在家里坐着既不舒服还吃灰。

真正的高档家具

如果装修预算很充足，想在家里置办一些高档家具。那你要知道，真正的高档家具不一定是实木的，也不一定是繁杂的，但一定是有设计感的，是出自大师手笔的。这些才是能传世、有收藏价值的家具。

说到高档家具品牌，首先不得不提的就是美国诺尔（Knoll）公司，它曾是全球最大的家具公司。其品牌旗下有许多作品都是引领过现代家具潮流的经典，比如巴塞罗那椅和郁金香桌。许多世界顶级的设计师都曾为该公司效力，比如最著名的现代主义开山鼻祖：密斯·凡·德·罗（Mies Van der Rohe）、美国最具创造力的建筑师：埃罗·沙里宁（Eero Saarinen）。

诺尔家具

现代主义建筑大师密斯·凡·德·罗

密斯大师曾教导我们说：少即是多（Less is More），这句话到今天都是经得起考验的真理，而他那把著名的椅子：巴塞罗那椅（Barcelona Chair），直到今天也是豪宅中的常客。这可是在 1929 年设计的，近一百年前的家具已经如此现代，令人震惊！

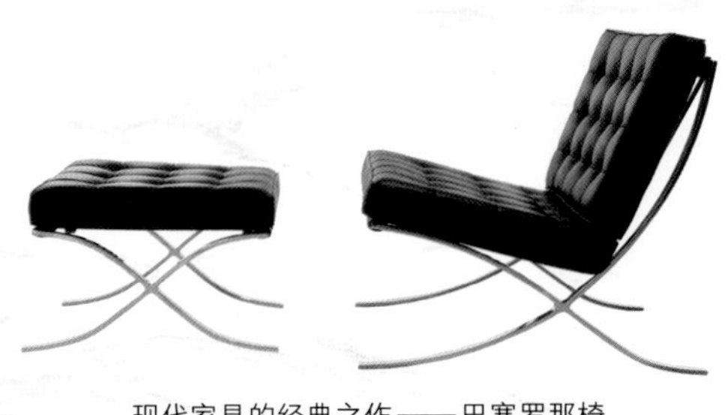

现代家具的经典之作——巴塞罗那椅

美国诺尔公司还有许多优秀且著名的家具，影响了世界设计，它们被世界各地的博物馆收藏，可谓家具中的珍品。

子宫椅（Womb Chair）

这把极具视觉冲击力的椅子是埃罗·沙里宁的作品。他生于设计世家，父亲老沙里宁是芬兰著名建筑师，母亲是雕塑家。所以虽然身为美国人，埃罗·沙里宁的设计却带有浓重的北欧味道，他认为好的家具应当是“有机”的，椅子本身是有机体，而家具还应当和室内环境共同构成一个有机的统一整体。

郁金香桌（下图）是沙里宁的最经典代表作，台面是大理石，桌腿是钢制，是杰出家具的设计典范。

郁金香桌（Saarinen Table）

普拉特纳椅
（Platner Lounge Chair）

普拉特纳（Platner）最负盛名的设计是普拉特纳椅。他认为古典的椅子沉重不堪，遂利用现代轻质材质——金属，取代木框架，设计出独特形状的椅子，又简约又优雅。金色框架的普拉特纳椅通常是 18K 镀金。与之搭配的除了边桌还有茶几、餐椅等一系列类似作品。

左侧储物柜和右侧沙发，是诺尔公司创始人汉斯·诺尔（Hans Knoll）的妻子兼首席设计师佛罗伦萨·诺尔（Florence Knoll）的作品，呈现了精美的细节、完美的比例。她善于通过运用大理石和金属，来诠释现代主义家具的美。

佛罗伦萨·诺尔储物柜
（Florence Knoll Credenza）

佛罗伦萨·诺尔沙发
（Florence Knoll Relaxed Settee）

下面左图的这把椅子，即使你不知道它叫什么名字，不知道它的设计师是谁，也一定会觉得它的样子似曾相识。这就是世界上最著名的椅子——伊姆斯椅。

伊姆斯家具

它是椅子销量吉尼斯世界纪录的保持者。它是最具时代感的家具作品。它还是美国现代艺术博物馆（MOMA）的永久收藏品。

这就是一对天才的美国夫妻——伊姆斯（Eames）夫妇设计的传奇椅子。简约的白色椅身，坐起来非常舒适，符合人体工程学原理。椅子腿是细长的木质和超细的金属条结构，非常时尚而具有现代色彩。

伊姆斯椅

伊姆斯扶手椅

这把椅子几乎被国人当成北欧家具的典范了。可是实际上伊姆斯夫妇是美国人，而不是北欧的。

下面这款躺椅恐怕大家都见过，非常舒适而且气派，是大户型的必备家具。

伊姆斯夫妇

伊姆斯躺椅

北欧设计以极简著称，有着浓郁的现代主义色彩。所谓北欧风指的是斯堪的纳维亚半岛四国——瑞典、丹麦、芬兰、挪威的设计风格。这四个国家人口加在一起都不到 2600 万（还不及中国的一个一线城市），但各个都盛产设计大师。

芬兰除了诺基亚，还拥有阿尔瓦·阿尔托（Alvar Aalto）、沙里宁（Saarinen）父子、埃罗·阿尼奥（Eero Aarnio）等设计大师。

瑞典不仅有 H&M 服饰、沃尔沃汽车，还有北欧设计的国际推广者——宜家。

丹麦不止乐高（LEGO）、B&O 音响，还有百年的弗里茨·汉森（Fritz Hansen）家具公司。下面就以这家丹麦优秀的国际设计品牌——弗里茨·汉森为例，给大家介绍一下北欧家具。

7 号椅（Series 7）

Fritz Hansen®

丹麦弗里茨·汉森公司拥有被誉为“北欧现代主义之父”的雅各布森（Arne Jacobsen）和喜欢中国元素的汉斯·瓦格纳（Hans Wegner）等诸多大家。雅各布森的家具设计具有强烈的雕塑感，灵感普遍源于自然，所以他的家具名字也都非常形象生动，比如蛋椅、天鹅椅、蚂蚁椅、壶椅。

而瓦格纳的代表作则是右下角这把著名的中国椅。

蛋椅（Egg Chair）

雅各布森

瓦格纳的中国椅

除了北欧，欧洲内陆也是家具设计大户。可是，一提到盛产艺术家的国度——意大利，想必不少人就想到了这些：

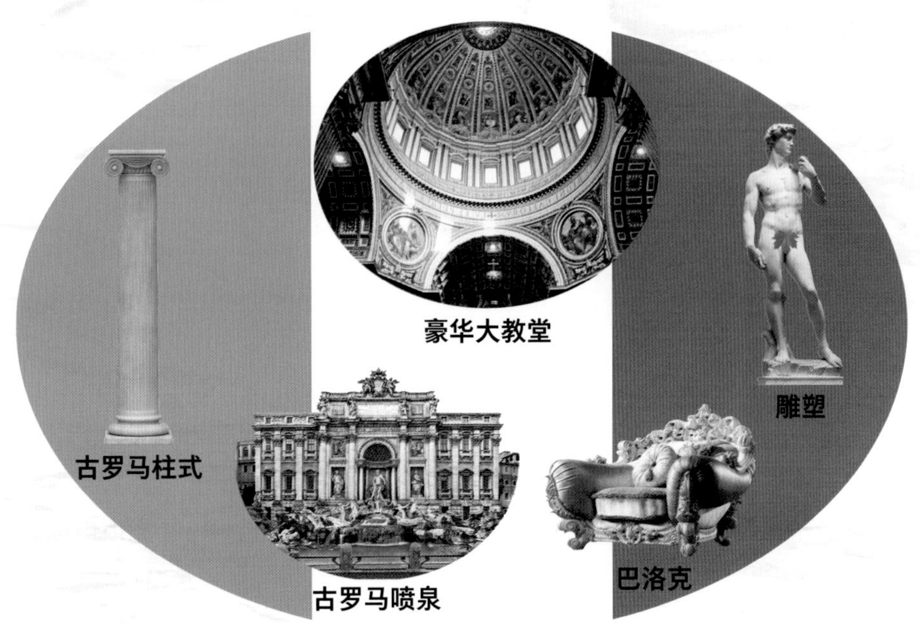

抱歉，这些都是几百甚至上千年前的意大利。在文艺复兴或是古罗马时代，他们也许喜欢这样的风格，现在早已经不是这样了。现在意大利的家具品牌设计风格都极为现代简约，如果不看到商标下面写着 Italia 字样，你可能都会以为它们是北欧的品牌呢。

比如全球知名的纳图兹（Natuzzi）。它将意大利优质的皮革家具推广到了全世界，现在已经拥有全球最高的皮沙发市场占有率。其设计美观，用材讲究，堪称现代主义皮质沙发的典范。

LA SCALA 真皮沙发

DIAMANTE 真皮软包床

最后再说一个名声响亮的意大利顶级家具品牌——B&B。它是一个年轻（只有 50 多年历史）但极富创造力的品牌。同是意大利品牌，它比纳图兹更加时尚。如果说纳图兹代表了传统的意大利皮革家具，那么 B&B 则让世人看到了意大利品牌天马行空的想象力。

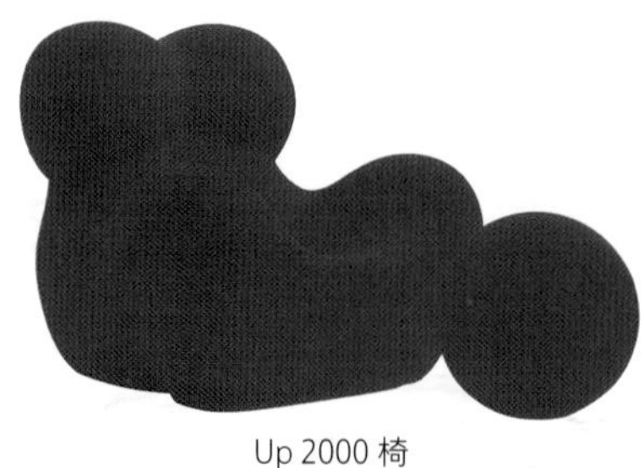

Up 2000 椅

这一把造型独特的红椅子应该是 B&B 最被人熟知的设计之一，曾经让 B&B 轰动全球的代表作。它运用拟人化的女性形态，极具雕塑感和视觉冲击力。现在已经成为意大利家具设计革新的象征，被永久收藏在诸多国际美术馆和博物馆中。

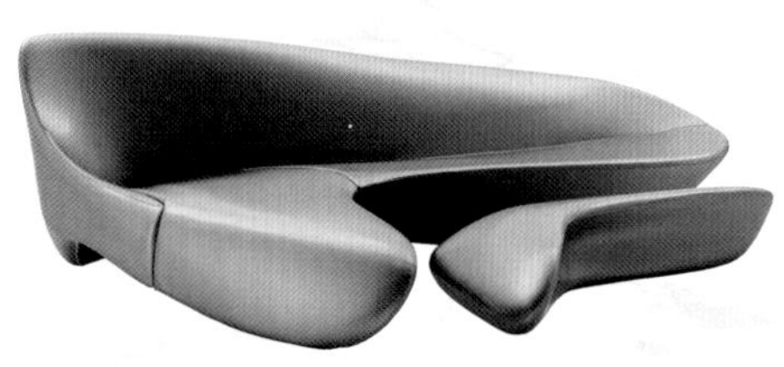

Moon 沙发

扎哈 · 哈迪德（Zaha Hadid）

这个流线型沙发的设计师大家应该并不陌生，她是伊拉克裔传奇女建筑师——扎哈·哈迪德（Zaha Hadid），对，就是那位把建筑做得和这个沙发一样呈流线型的建筑师。她在中国的作品几乎都是城市地标，比如广州大剧院、北京银河 SOHO、望京 SOHO、南京青奥中心双子楼等。

肌肉椅（Husk Chair）

这款简约美丽的椅子，相信不少朋友看到它木头配白色，就误以为是北欧设计。可它其实是意大利的，别看肌肉椅的外表硬朗，它的设计师帕奇希娅·奥奇拉是一位金发碧眼的美女。她是当代最杰出的设计师之一，喜欢运用创新材质，擅长镂空等设计手法。

帕奇希娅 · 奥奇拉
（Patricia Urquiola）

当然 B&B 也不全是那些只适合放博物馆的稀奇古怪设计，其绝大多数的作品都很简约实用。比如这张茶几，几何形体的造型，非常规矩方正。

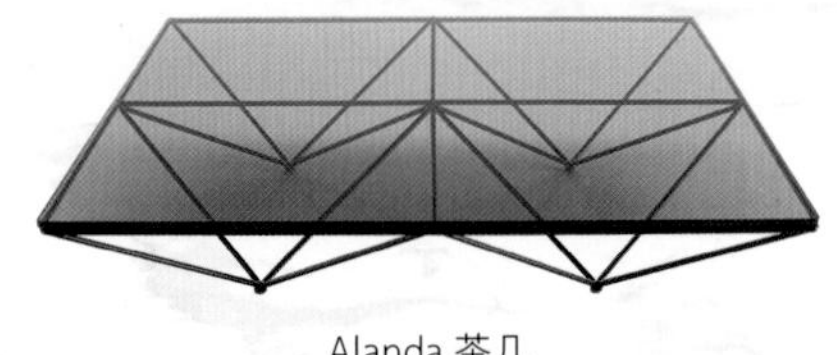
Alanda 茶几

Mirto 餐桌

左图这张餐桌造型简约，是一个餐桌应当拥有的样子。注重质感，而收敛外形的张扬。简洁的外观更能彰显高端的档次。

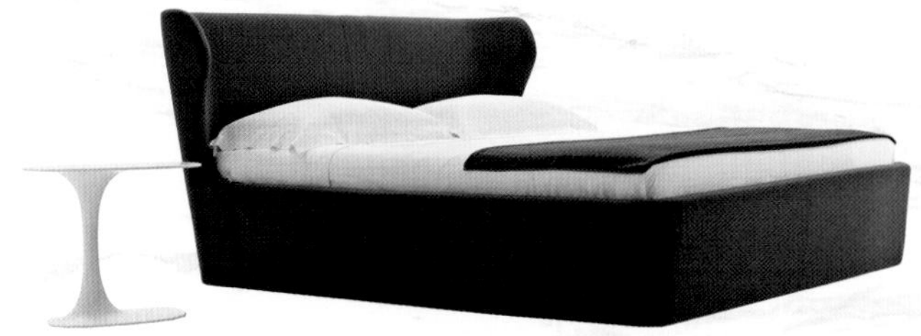
Papilio 床

深泽直人（Fukasawa）

Papilio 系列家具，由日本设计大师深泽直人创作。提到他，通常会想到无印良品（MUJI），众多无印良品产品也都出自他的手笔。在 Papilio 系列作品中，他也贯彻了简约、直接、舒适的设计理念。

Nidus 沙发

这款沙发是 Maxalto 的作品，设计师安东尼奥 · 奇特里奥 (Antonio Citterio) 认为弧形的沙发更容易让人们产生交流。

装　饰 DECORATION

第 3 步｜装修风格

本来装得美美的房子，为什么一住进去就失去了当初“效果图”的样子？究其原因，可能在于装饰。装饰可以理解为家中的小摆件，有的是专门为美而存在的装饰，比如装饰画、装饰绿植，而有的则是日常用品，比如锅碗瓢盆、手纸巾、垃圾桶等。

当有美感、有设计感的物品遍布家中，整个家也就有了美感和设计感。

灯饰

真正用来照明的灯具，应当是隐藏在吊顶和柜子里的，比如嵌灯、射灯和灯带。而露在外部的灯具都可以理解为一种室内的装饰，比如落地灯、台灯、壁灯和餐厅吊灯。既然叫作“灯饰”，就是要用灯作为家里的装饰。那么什么样的灯具可以当装饰呢？

显然吸顶灯太过简陋，况且已经有隐藏式嵌灯作为照明，吸顶灯可以永久地从你的装修购买清单中划去，不用考虑。而某些吊灯又太过华丽和古典，不适合现代的家装风格。

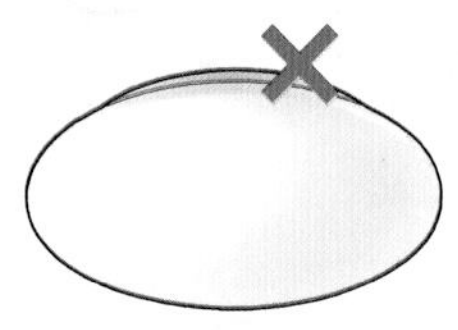

太过简陋的吸顶灯

雕饰过多的吊灯

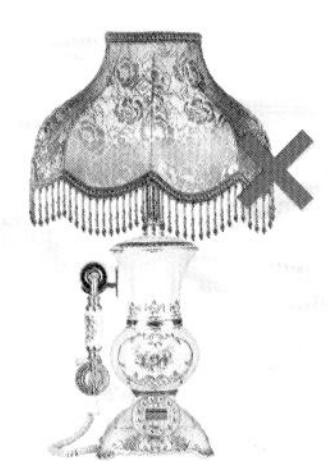

单看“好看”但与家里风格不搭的灯

灯具对家装风格的影响极大，一定要谨慎选择灯饰，一个不留神的冲动购物就可能破坏了整个家的装修风格。

建议买灯时，不要直接冲进大型灯饰城，那样容易被五彩斑斓、极度浮华的产品误导。建议买灯之前，翻一翻优秀的设计案例，参考他们都在用什么样的灯，再去挑选适合自己家的灯饰。

真正美的灯饰通常也都是简约的。比如下面几盏灯，就算是有复古的元素，但也一定用的是现代的手法——细金属、简约和纯粹的几何形状。

真正的好灯饰一定是现代的

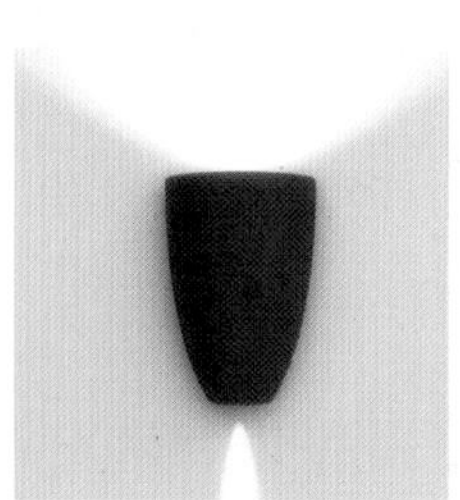

Artemide-Molla 壁灯

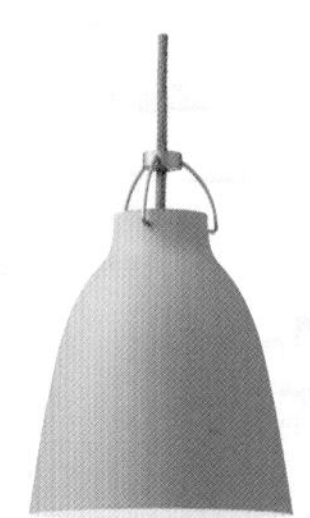

Fritz Hansen-Caravaggio 吊灯

Tom Dixon-Bell 台灯

NEMO 落地灯

灯饰——餐厅吊灯

餐厅吊灯是最容易做出装饰效果的灯饰，一盏美丽的吊灯吊在餐桌正中或开放式大厨房的岛台上，轻奢的小资情调油然而生。

Tom Dixon-Beat 吊灯组

Artemide-Logico 吊灯

CAMERON-VESANTO 吊灯

Roll & Hill-Agnes Chandelier 吊灯

不推荐的豪宅装饰

见过不少土豪朋友，实在不知用什么来衬托自己家大别墅的豪华，于是把断臂维纳斯和古罗马喷泉都摆进了客厅。这样的做法既浪费又不美观，只能让别人看出来你确实有钱，却看不到你的品位和审美。

以下几种装饰都是极不推荐在家中出现的，哪怕是豪宅别墅：

喷泉就算再漂亮，也只适合放在公园里。置于家里会显得俗气不堪。

除非你是要征服天下的野心家，否则巨大的地球仪只是一个占地方的无用摆设。

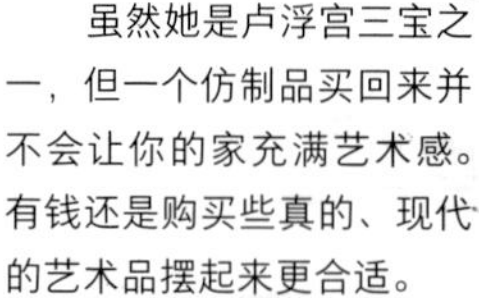

虽然她是卢浮宫三宝之一，但一个仿制品买回来并不会让你的家充满艺术感。有钱还是购买些真的、现代的艺术品摆起来更合适。

壁炉可以有，但万万不要用古典的雕花壁炉，这些老旧的东西并不适合在现代住宅中出现。更不推荐火焰只是一块 LED 屏幕的假壁炉。

不是不尊重老祖宗传下来的手艺活，关键问题是这家伙摆在家里又笨重又难看，还没有任何作用。

酒柜可以有，但首先你得喝酒，还不能是白酒和啤酒，得是红酒才能摆在这个酒柜里。

如果你的家里没有这么多红酒的藏酒量，那么并不建议购置酒柜这种非常西方文化的家具。不实用还有很多格子，很容易藏污纳垢。

豪宅装饰

豪宅中真正的有品位装饰，都有两个特征：第一，它一定是**现代的**；第二，它应当具备高品位的**艺术气息**，能够体现屋主较高的个人修养。其中画作和音乐，是最能直接体现屋主品位的，其他富有艺术气息的装饰也适合点缀在家中，比如现代雕塑和有情怀的物品等。

艺术画作

画，既要体现屋主的艺术修养，又要符合时代。不建议使用《鸿运当头》或《花开富贵》这样太过具象的画作为装饰。也不建议使用文艺复兴时期的西方油画复制品。推荐家中的装饰画，选用现代派的抽象油画。在画布上如果有凹凸不平的油画笔触质感，则再好不过。

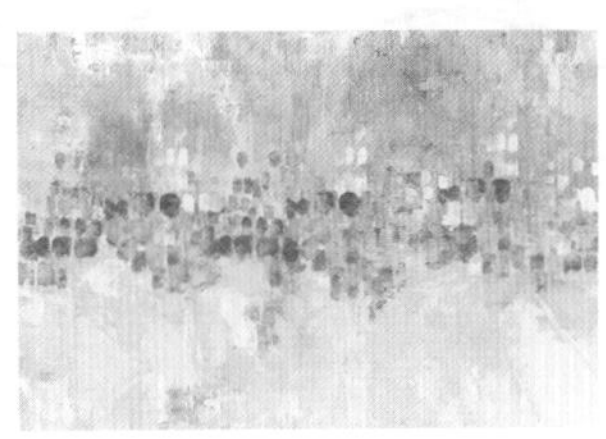

最好是现代派有笔触的画作

整幅画的色彩不要过于艳丽，单一色系最好。画框应当极简，黑框白框，或是无框，让它毫不张扬地成为房间的装饰。

音乐器材

懂音乐的人，品位一定不差，正好音乐器材也可以当作家里的装饰。花几万块买个假的仿古壁炉，不如换成音乐器材，不仅能听，还能展现屋主的音乐素养。

钢琴也是不错的选择

Focal Grande Utopia 音箱

如果不会弹钢琴，那么置办一组音响也是不错的选择。

其他有品位、有情怀的摆设

还有一些有情怀的、有品位的收藏品可以作为理想的住宅装饰。

将它们放在大厅的正中间，能彰显这座住宅主人高雅的艺术格调。

Vincent 摩托

Louise Bourgeois 的蜘蛛雕塑

讲究的日常用品

经常会遇见这种情况：刚装修完很高大上的房子，怎么住进去之后却显得那么“接地气”，远没有当初设计师给的效果图好看。这很有可能是因为日常用品太过于“日常普通”，破坏了原有的装修风格。建议有条件的朋友，把家里凡是能看得见的日常用品，都换成有设计感的。

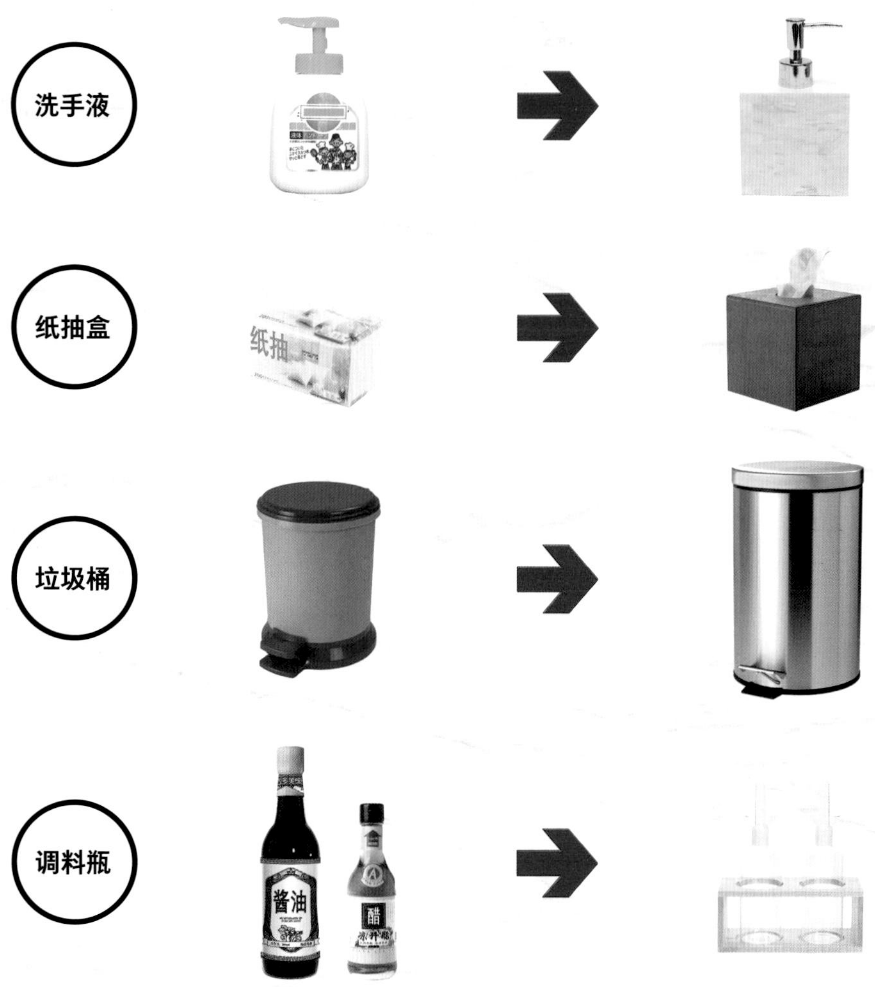

你对装修的用心程度，是能从这个家中看出来的。如果家里的每一样物品都是精挑细选的，整个家的品位就会提高。如果每一位屋主都对自己的家更用心一点，对每件小事、每个小物再讲究一些，那么相信每一个家都将会是精致的、有品位的、温馨的。

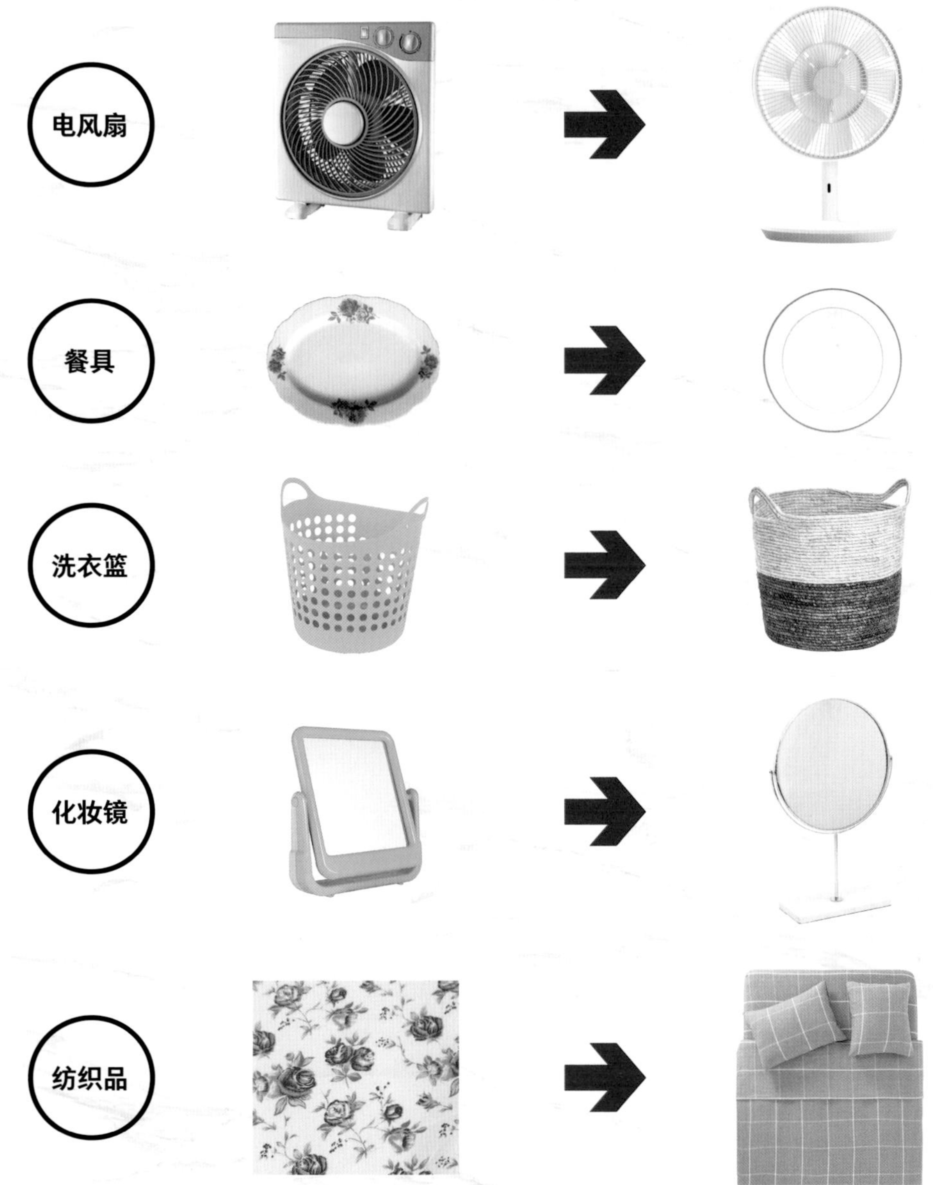

绿植

有些美美的住宅装修图片，其中无非就是白色的墙、白色的吊顶、白色的柜子甚至是白色的地，可是怎么就感觉色彩那么丰富，空间感情那么温馨呢？

这很可能是因为绿植的装饰起到了巨大的作用——将一个冷冰冰的建筑变成了生机勃勃且又温馨美满的家。

每一个房间中都应该有绿植

绿植是装修中较为后期的装饰项目，通常等到家具都进场后，才会置办。可绿植又是家里极为重要、不可忽略的一项装饰。

在装修后，绿植的选购和布置有这么几个要点：

1. 分散到各个房间： 买了十几盆花全都放阳台养着，是起不到室内装饰作用的，因为这只能算是养花的爱好。如果要用绿植当装饰，那么一定要分散到每个房间去，让每个房间都有绿色。单个房间的植物也不宜过多，一两株即可。

2. 植物不宜过小： 用十几盆小小的多肉植物也是起不到绿植装饰作用的，反而会显得杂乱。建议用大型植物（如椰子树、芭蕉、虎皮兰等）来创造大面积的绿色效果，然后再用小型植物点缀桌面。

3. 要绿叶不要花：绿植之所以能起到装饰作用，就是因为绿。如果选花，则容易导致颜色过于杂乱。所以，就买绿色植物即可。大户型大空间首推芭蕉和椰子树，又大又绿，极具绿色装饰效果；小户型或卧室推荐虎皮兰；而绿萝、常青藤等可以点缀在厨房卫生间等地。

4. 花盆要讲究：植物再好，如果花盆丑陋，也起不到好的装饰作用，只会让人感觉业主是一个勤劳简朴的园丁。所以不建议使用买花时赠送的原装花盆和太过廉价的花盆，建议买一些设计感强、现代轻奢的花盆。

地毯

地毯当属装饰中的最后环节，它一进场，一个美丽温馨的家就大功告成了，之后就可以惬意地踩在柔软的地毯上与朋友相聚庆祝乔迁之喜了。

不适合现代装修的波斯风格地毯

有的人喜欢地毯，觉得有了它才感到家的温馨；而也有人反感地毯，认为它滋生螨虫，藏污纳垢。

在我看来，地毯绝对是现代家装风格中极为重要的装饰，推荐购置。关于地毯的选购要点有四条：

1. 颜色低调。无须在地毯颜色上独出心裁，其实灰色、米黄色等低调的颜色就足够优雅。地毯主要追求的是一种质感上的舒适，营造出一种温馨的气氛，这就足够了。另外建议使用短毛地毯，更加有型且更好打理。

2. 图案简单。纯色无花纹的地毯是极佳选择。地毯繁杂程度不要繁过左边这张地毯。而波斯地毯虽然拥有绚丽复杂的图案，看起来十分昂贵、精雕细琢，但花纹过于古典，并不适合现代家装。

3. 放在人常待的地方。我们应该在什么地方放置地毯呢？通常在卧室床的区域、客厅的沙发区域，以及阳台躺椅周边。让人能够脱掉拖鞋坐下来放松的地方。

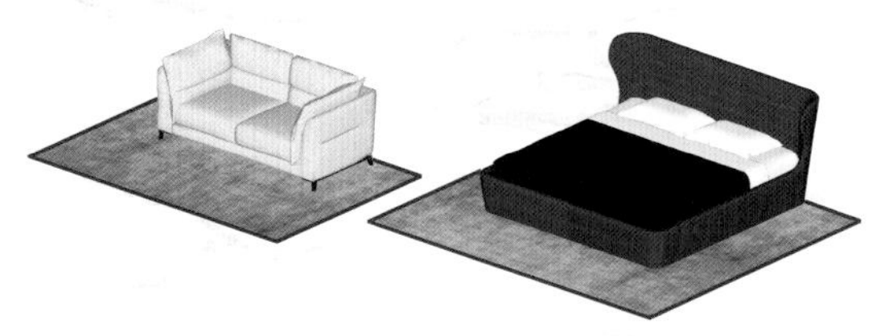

4. 你需要一台吸尘器。如果家里购置了地毯，那么吸尘器恐怕是必需的了，因为这几乎是唯一能够清理地毯的工具。

其他有情调的东西

家是能让我们隔绝外部世界的冰冷，在其中温暖生活的地方。在家里可以放空自己；在家里可以享受家外得不到的情感支持；在家里还可以体会独属于自己的情怀与格调。

而一个家的情怀与格调，离不开家中点滴小物的点缀：

1. 烛台： 每天傍晚点一支蜡烛在窗前，温馨的格调油然而生。在重要的纪念日里点亮它，就能与家人在这有仪式感的烛光中，共度一个有温度的夜晚。

2. 香薰： 香薰可以创造家中独有的香味。买一些自己喜欢的、好闻的香薰，每天回到家里就可以得到心旷神怡的悠然感。

3. 照片： 把自己的重要时刻、走过的地方、经历过的岁月用照片记录下来，展现在家里。布置一堵照片墙，或摆放在家里各处的相框，可以让冷冰冰的空间瞬间产生家的温暖感和归属感。

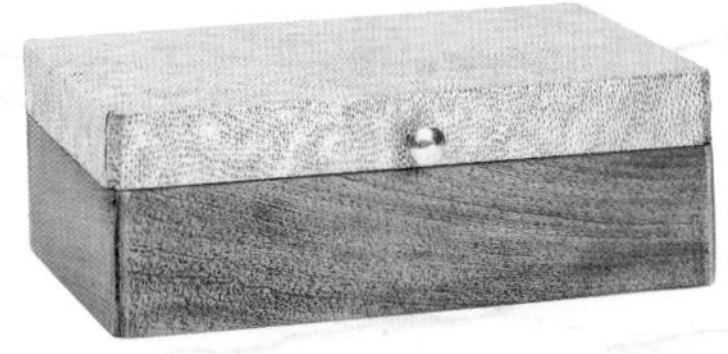

4. 收藏和回忆： 每个人都会有想要珍藏的东西，那么，就用精致的盒子把它们归纳整理好。每个盒子里都是宝贵的财富，每一个盒子都是满满的回忆。

案例剖析 CASE ANALYSIS

第 3 步 | 装修风格

说了这么多理论，总该有一个实例来验证一下。在这一篇中，大家可以完整看到一个只有 $65m^2$ 使用面积的一居室小户型，却拥有简约现代又美丽轻奢的装修风格。通过这个案例，可以让你整体了解装修的第三步 —— 装修风格。

案例剖析

装修配色

装修配色怎么配？下面为你总结了现代的家装风格中，所有要用到的色彩。值得注意的是：在用这个配色表的时候不能“偏科”：比如只用这个色表里的某两三种颜色。这 13 种颜色材质要至少在家里出现 10 种，色彩搭配才会好看，不单调。

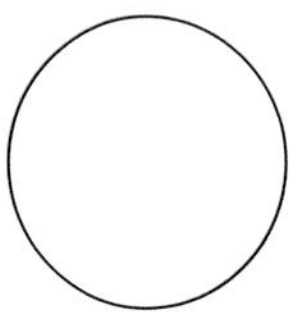

白
墙、吊顶、门、橱柜、洗脸池柜、卫浴洁具

黑
窗框、门把手、电器、家具（高脚凳、皮沙发）

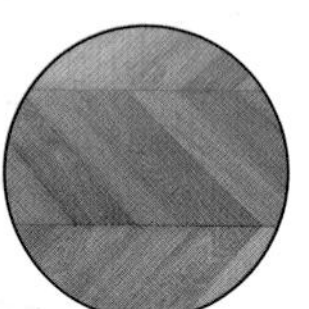

橡木
地板

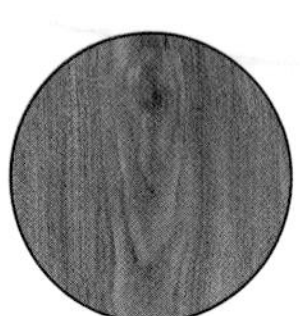

胡桃木
墙面、衣柜柜门

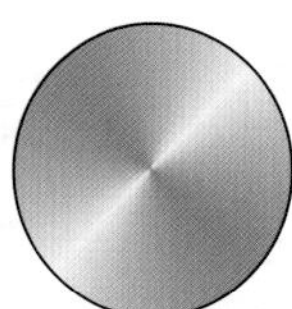

不锈钢
卫浴五金件、厨房设备、家具及家具腿、花盆

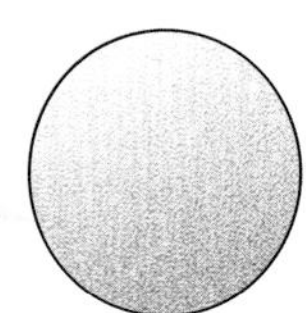

金
灯具、五金

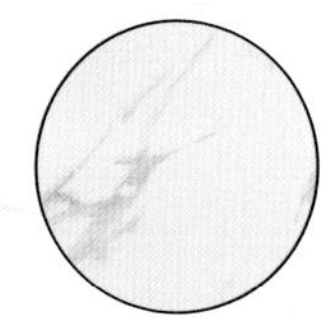

雅士白
地面、墙面、厨房台面、洗脸池台面、家具桌面

黑白根
墙面、家具桌面

米黄
沙发、床等家具

深灰
地毯、椅子、窗帘

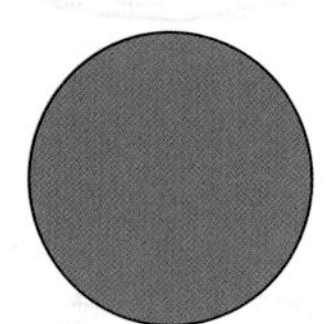

棕褐
椅子等家具

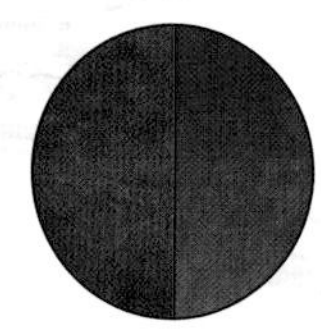

酒红或墨绿
沙发、椅子等家具

绿植

一个例子看懂装修风格

装修案例我们只认真看一个即可。透彻地研究一个案例，要比翻看并保存无数张风格迥异的网络美图，对你家装修的参考价值大得多。下面我们通过分析一个面积不大的一室一厅公寓式住宅，把这一步“装修风格”总结和回顾一下。

这个小小的公寓式住宅仅有 65m^2 的使用面积（不算墙体和公摊），却做出了极为舒适甚至豪华的感觉。妥帖的装修设计让人感受不出这间住宅面积其实很小，在房间的档次和品位上甚至超越了很多大而无当的别墅。

下面是这个小公寓的平面图，入户门进来是一个 3.5m^2 的小玄关，正对面是开放式厨房，原本应当是一个封闭式带阳台的厨房，设计师打掉隔墙，创造出了豪华的厨房中岛台，小小的客厅也不觉得憋屈了。而让这间小房子产生豪华感的关键在于，65m^2 的使用面积只是一个一居室。在整个平面右半边是一个卧室套间——11m^2 的衣帽间和接近 7m^2 的卫生间。所以在空间布局中，尽量减少卧室的数量，合并多余房间，提高单个房间的品质，是小户型变大豪宅的不二法则。

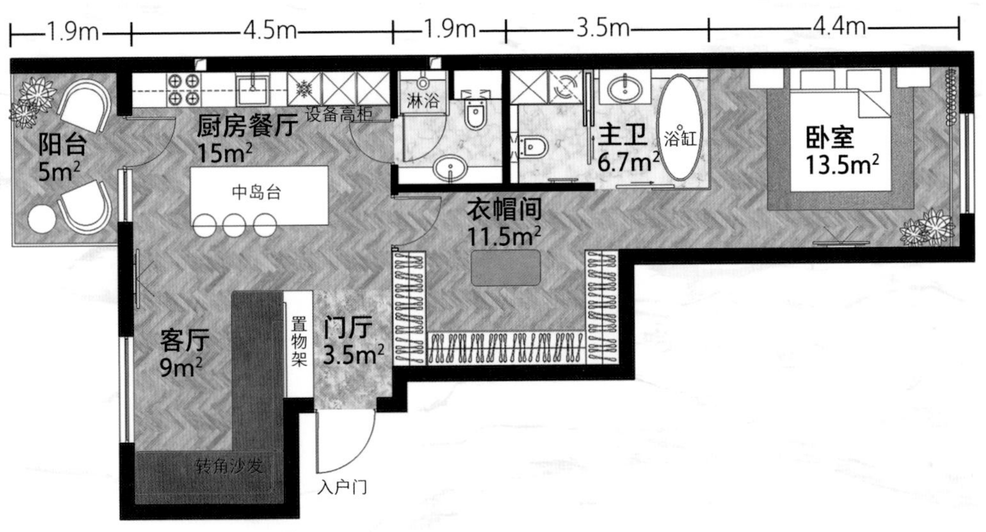

公寓平面图

（65m^2 使用面积）

全屋风格要点：

1. 干净简约的平吊顶。全屋石膏板吊顶，边缘留缝做洗墙灯槽。

2. 干净简约的墙面地面。无门套门框踢脚线，白门隐藏在墙内。地面采用复古的鱼骨纹。

3. 房屋系统设备（照明、暖通）隐藏。外露只有装饰性的吊顶灯饰。

玄关要点：

1. 简约的入户防盗门。与墙融为一体，毫不突兀。

2. 玄关虽小五脏俱全。收纳架、鞋柜、镜子、衣柜，一个都不能少。

门框
代的门把手

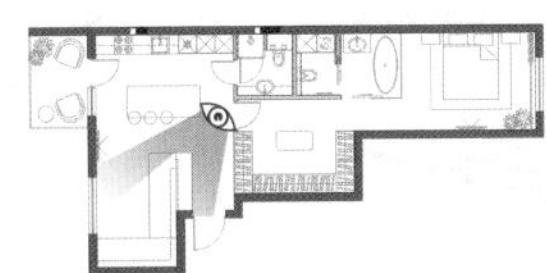

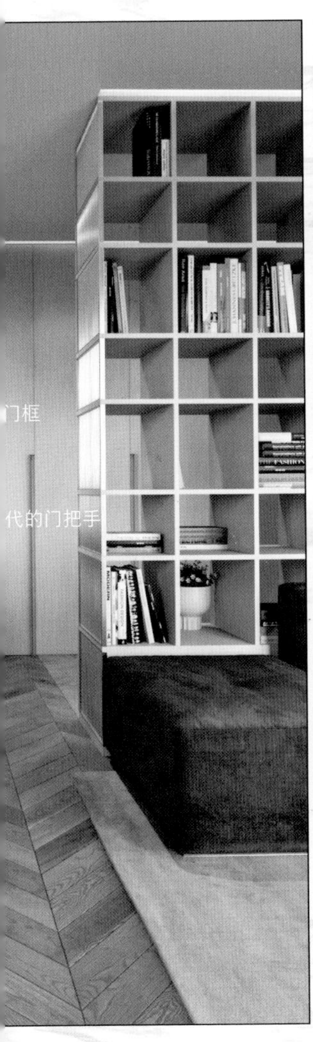

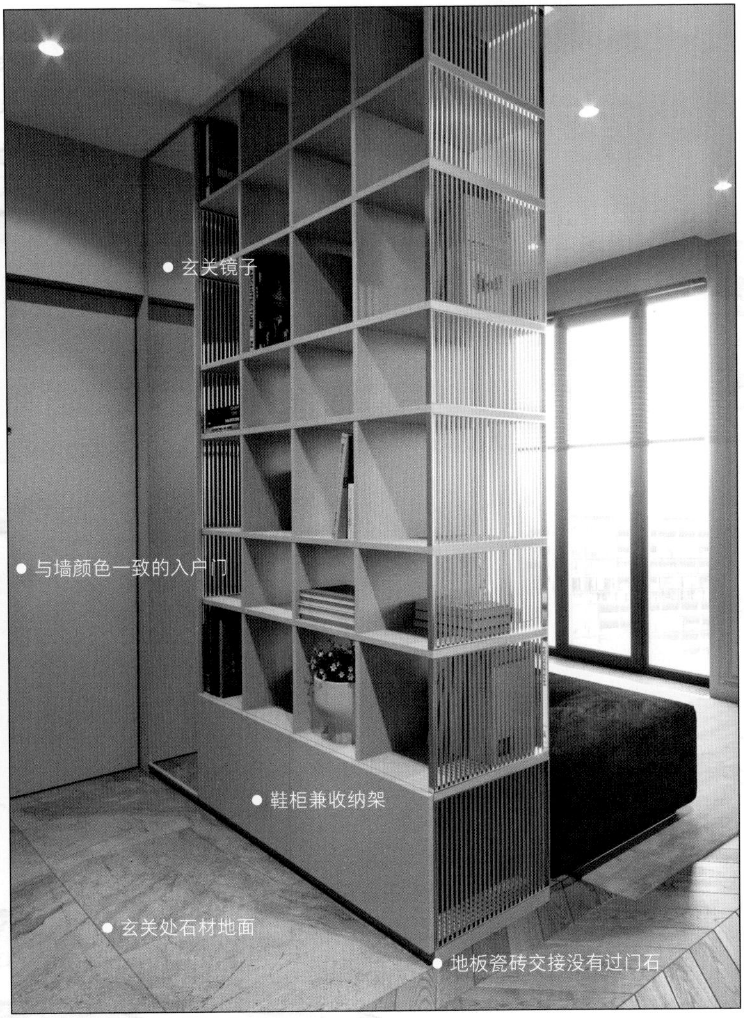

玄关镜子
与墙颜色一致的入户门
鞋柜兼收纳架
玄关处石材地面
地板瓷砖交接没有过门石

厨房要点：

1. 极为精细化的厨房照明——厨房台面上、底柜下，甚至是吊柜顶都安装灯条。
2. 简约大方的橱柜门板——白色磨砂质感和隐藏式把手。
3. 雅士白石材作为厨房台面、厨房侧墙、中岛台台面材质。
4. 餐桌（中岛台）用现代优雅的吊灯。

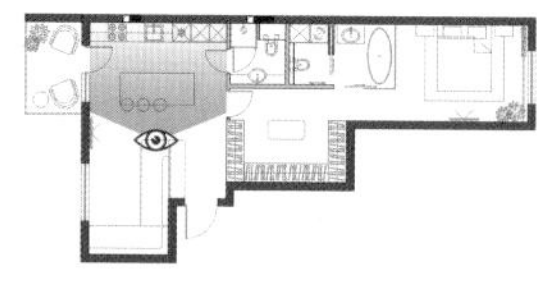

客厅要点：

1. 围坐式的沙发，和一堵墙的爱好（书架）。
2. 没有花里胡哨的吊顶，依旧是大平顶，四周灯槽。
3. 时尚简约的家具。
4. 讲究的日常用品（抱枕、花瓶、水杯、书籍）。
5. 隐藏线缆的挂墙式电视。

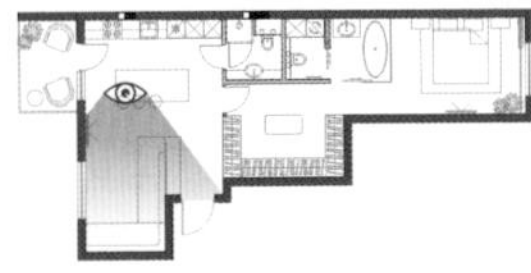

卫生间要点：

1. 地面墙面简约大气。大面积使用统一石材，而没有用小碎砖或多种颜色的瓷砖。
2. 精细化的照明——水池上方（镜子下）、吊顶上、吊柜下等。

整面墙的大镜子
所有金属五金统一颜色
墙地台面都用一样的砖材

防水石膏

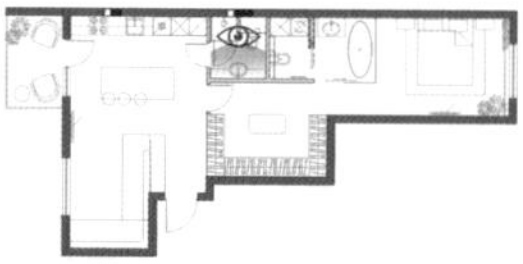

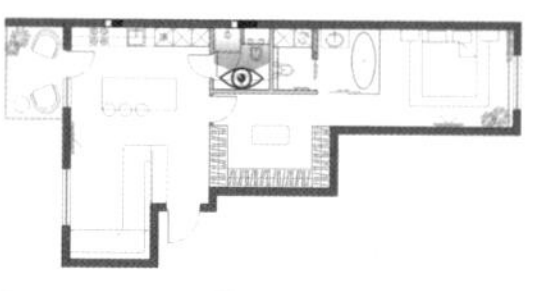

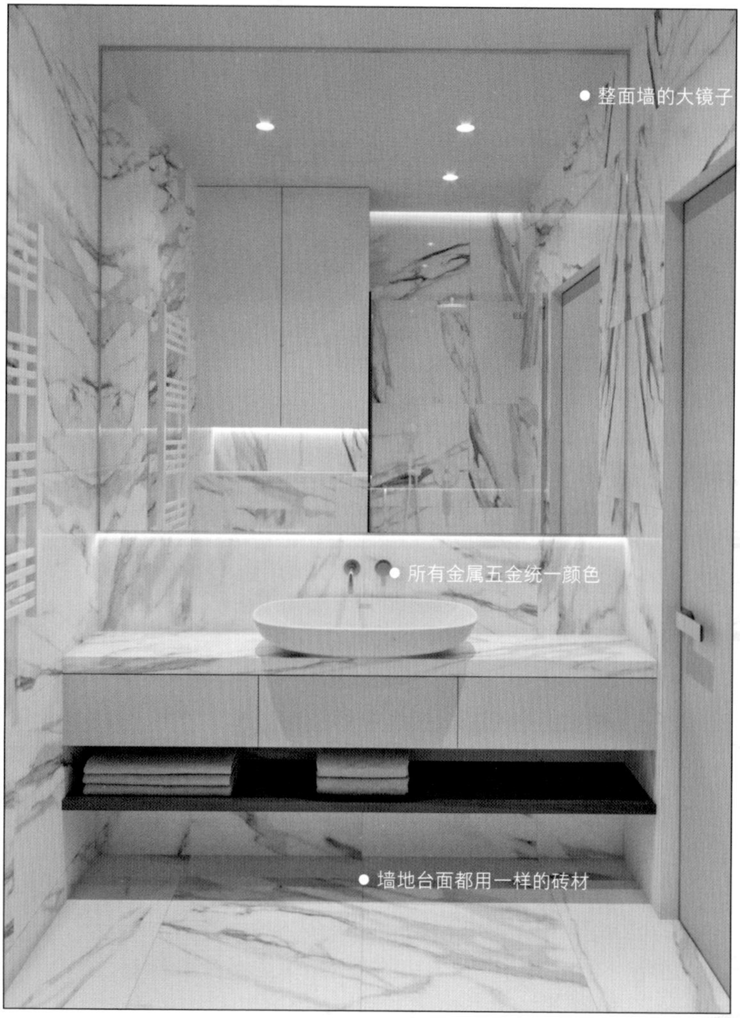

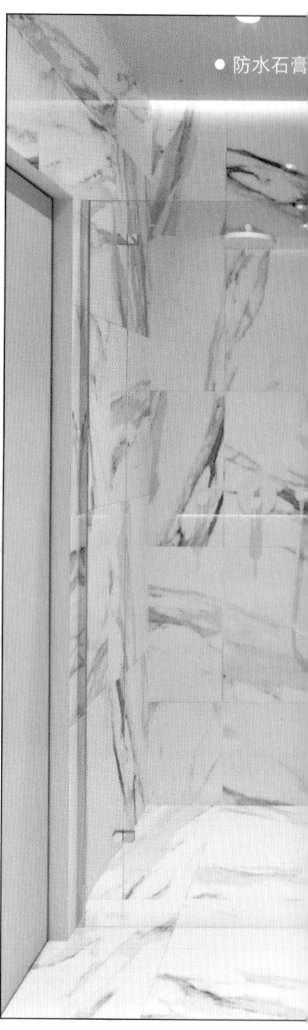

3. 干净简约的吊顶。石膏板大平顶，边缘留缝做灯槽。

4. 地排马桶改墙排马桶。美观又实用，多了明面收纳和吊柜收纳。

5. 干湿分离。通过玻璃门或一堵墙来实现。

● 假墙上方储物吊柜
框玻璃门
● 墙排马桶假墙

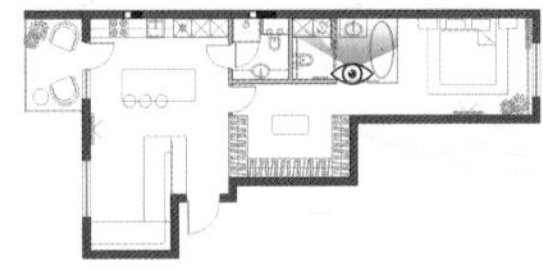

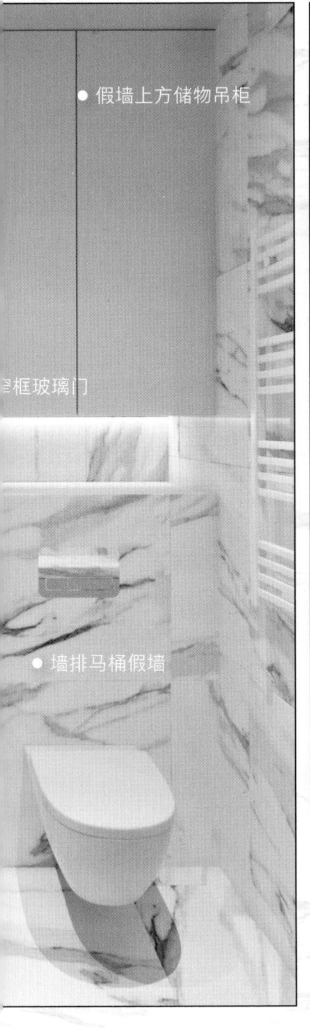

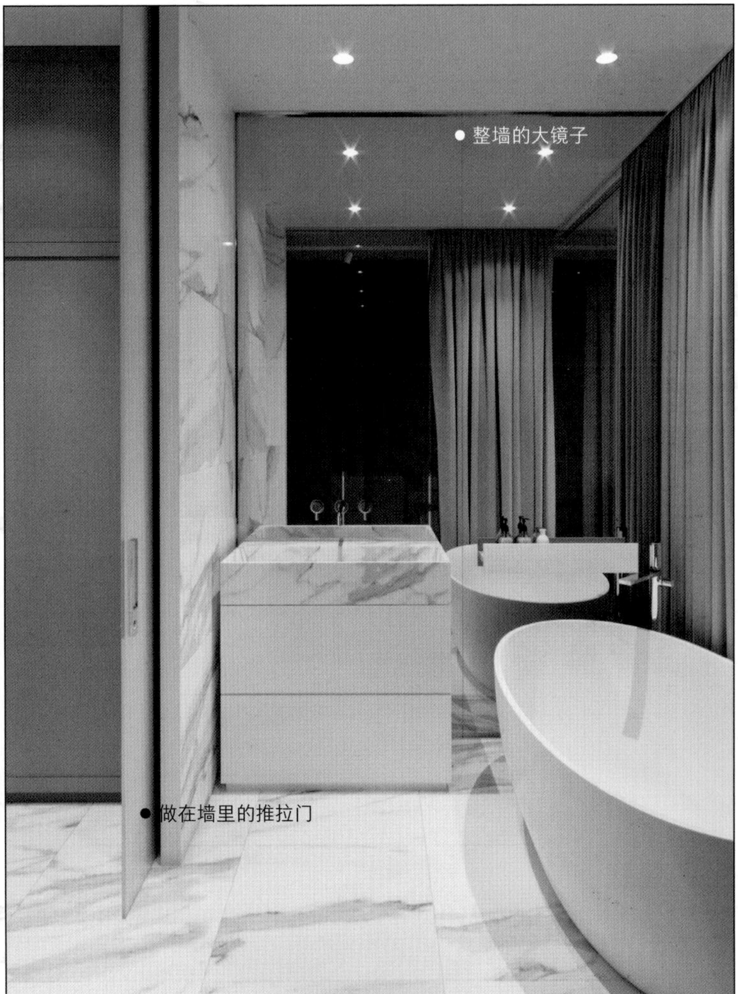

● 整墙的大镜子
● 做在墙里的推拉门

衣帽间要点：

1. 全屋大面积使用现代的材质——玻璃、镜子、金属、石材。

2. 精细化的照明——不论是衣柜还是整个衣帽间都有足够精细化的照明设计。

3. 衣帽间有座凳，换衣服才方便。

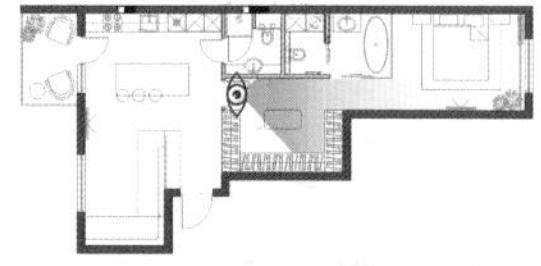

卧室要点：

1. 无主灯设计，只用床头灯、吊顶边缘凹槽灯条作为照明。
2. 床居中摆放，彰显主角地位。床的造型富有设计感，且极为舒适。
3. 时尚美观的床头灯和床头桌。
4. 每个房间都有一两盆绿植。
5. 卧室床头做了一堵材质与众不同的墙，当然也可以是不易落灰的石材贴面。
6. 颜色灰色低调，顶天立地的窗帘。
7. 温馨的气氛，放一块地毯。

结语及附录

附录一　装修参考网站

入门

如果你是一个装修小白，对装修的认知还处于模糊阶段。那么宜家官网的“创意灵感”和宜家商场免费领取的《家居指南》是最好的装修入门参考读物。除了近 300 页全彩的《家居指南》，还有《厨房》《浴室》《衣柜》等各个专题，仔细阅读它们绝对让你对装修的理解有质的飞跃。

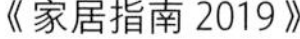
《家居指南 2019》

《厨房 2019》

中阶

想看真正的当代建筑设计都是什么样子。ArchDaily 就是最权威的选择。它直译过来叫作“建筑日报”，每天都会有几十个全球各地的新建筑项目在网站上更新。但一定要上英文官网，它的中文网站暂时还不全面。不过网站上什么类型的建筑都有，想要单独看住宅和装修类，可以点击 Projects（项目类型）—Residential Architecture（住宅建筑）—Houses（住宅）来筛选查看。

由于 archdaily 全世界的住宅类项目都收录，所以公寓型住宅较少，大多是独栋的豪宅或林中小屋，都有楼梯和落地窗的那种，跟国内公寓式的住宅装修有一定差异。

若想了解国际上现代的装修风格都是怎样的，提高一下审美水平，还是非常推荐这个网站的。

新加坡别墅客厅 / 发布于 archidaily

高阶

www.behance.net

顶级的设计和创意网站 Behance，现在隶属于出品 Photoshop 的 Adobe 公司。这个网站汇聚了全世界顶级的设计人士，每张图都是业内精彩的作品。

在网站最上方点击“发现”，然后在“所有创意领域”中选择“建筑”，你将发现关于装修美图的一片新天地。

但由于 Behance 网站中的案例多为效果图，通常有些不切实际——太过艺术、用色浓重、装饰过度。看多了反而容易适得其反（忘了装修的本质，只在乎颜值），所以并不适合自己设计装修的新手朋友。新手很容易把自己看得眼花缭乱、不知所措，甚至可能会被误导家装配色和风格。这个网站适合有一定经济实力并雇佣设计师的装修业主，他们可以拿此网站上的图给设计师去参考。

超现代的 LDK / 发布于 Behance

迪拜 ALVORADA villa / 发布于 Behance

附录二 装修方式选择

装修的第一步，便是选择适合自己的装修方式——到底是自己设计自己盯，还是找人设计找人盯？到底是找个工长和施工队就行，还是说一定要找装修公司？主材和家具、家电究竟是自己买还是全部委托给装修公司合适？

下面咱们就来捋一捋，四种最常见的装修方式："清包""半包""全包"和"整包"，以及如何选择。

	清包	半包	全包	整包

自己	设计、选材、验收、监工自己全管。	自行购买主材以及家具、家电。	自己只买家具、家电即可。	撒手不管，拎包入住。
施工队	轻工辅料。	轻工辅料。	轻工辅料。	轻工辅料。
装修公司	无。	设计出图、验收、监工。	设计、验收、监工再加硬装选材。	包工包料 + 采购家具 + 采购家电 + 安装验收 + 监工。
适合人群	时间充裕、装修知识充足、把控力强、有独到的装修见解，或就想省省钱。	主材家具、家电要自己把控，而工地上的事还是交给装修公司吧。	时间不足，只想多花点钱省心省事，自己最后买家具、家电就行。	充分信任装修公司，家中布局、功能和颜值全权交给他们，一点不操心。

便宜 ¥ ←→ ¥¥¥ 昂贵

费时费事 ←→ 省时省事

PS. 什么是主材和辅料？

主材  买回来直接就能安装的物品或材料。 瓷砖、地板、石材、门、窗、橱柜、插座开关、五金洁具、壁纸、铝扣板吊顶。另外灯具、家具、家电、装饰、石膏线等也通常被算作为主材。

辅料  基础工程材料，多需师傅现场加工。 水管 / 电管 / 电线、砖 / 沙 / 水泥、吊顶龙骨 / 石膏板、防水、腻子 / 油漆、玻璃胶 / 石材胶等。

附录三　施工进场顺序

相信看完本书你已经对装修设计有了一定了解，到了施工阶段，也必须要对装修施工顺序有个大致了解，才能更好地把控整个装修。装修施工全过程分为四大环节、细分为 19 步。

环节		步骤	说明
一	设计	1. 家装设计	其实设计才是装修最重要的环节，一定要在施工队进场前考虑好设计好，多花点时间思考，万万不要草率开工。
二	施工队	2. 主体结构改造	拆墙铲墙皮、拆暖气、拆门窗、砌墙等，房屋框架的改造部分。
		3. 水电改造	房屋系统环节，装修的重中之重，务必在此步多监管、多操心。
		4. 厨卫找平防水	重要的隐蔽工程，所以要亲自现场检查，进行闭水试验。
		5. 木工主料进场	包管、吊顶等木工活。
		6. 瓦工贴砖	瓷砖贴砖、地漏安装。
		7. 厨卫吊顶	厨卫做防水石膏板吊顶，其他房间做普通石膏板吊顶。
		8. 油工刮腻子	为墙面漆打底。
		9. 刷墙面漆	刷完墙漆，硬装环节基本完事，施工队离场。
三	安装工程	10. 橱柜安装	厨房在这天完成。橱柜制作周期大概 1 ~ 2 个月，在水电改造前就要进行首次上门测量。
		11. 地板安装	地板厂家安装地板和踢脚线（踢脚线建议装完木门后再安装）。
		12. 木门安装	木门制作周期通常要一个月，在油工刮完腻子就可上门测量。
		13. 暖气安装	暖气厂家安装散热器。在刚开工拆除时就可进行测量和拆旧。
		14. 开关插座安装	电工安装。
		15. 灯具安装	电工安装。
		16. 五金洁具安装	卫生间到此搞定。
		17. 窗帘安装	窗帘杆和窗帘的安装标志着装修安装环节到此结束。
四	开荒入住	18. 拓荒保洁	大扫除，一个新家的诞生。
		19. 家具家电进场	家具进场，准备入住。

附录四　预算表

装修是对未来生活品质的投资，而做预算就是在整理未来生活需求的投资金额。预算表绝对不是金额越低越好，把钱花到值得投资的地方，花在能提高生活品质的地方。

大类别	小项目	价格
设计	设计费	
施工队	拆除费用	
	物业管理费、天然气移位费用	
	硬装施工及辅料（水电、墙面、地面、吊顶、防水工程）	
主材	木地板	
	瓷砖	
	石材	
	踢脚线	
	木门、防盗门	
	窗户	
	厨房（橱柜、灶及抽油烟机、水槽及水龙头、厨房电器、挂杆等）	
	卫浴（马桶、洗脸池及镜柜、花洒、浴缸、浴霸、地漏及五金等）	
房屋系统设备	开关、插座、灯具	
	中央空调、壁挂式空调	
	新风系统	
	地暖、散热器	
	全屋水系统	
	网络系统	
软装	家具	
	电器	
	装饰	
	窗帘	

总计：

附录五　装修时常用的工具

测量类

卷尺直尺

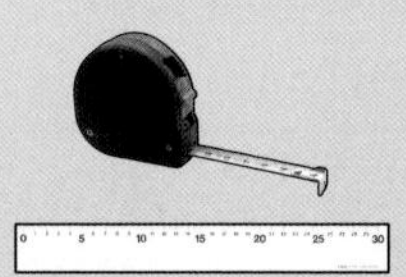

应当是装修中最常用的工具了，揣进兜里就可以去逛家具市场了。

激光测距仪

装修测量神器，长距离测量最适用。

水平仪

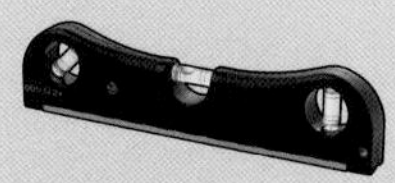

挂画、钉挂杆、装吊柜时没它不行，通常是气泡或激光原理。

测电笔

自己装灯、装开关插座必用工具。也是确保电工活安全的重要工具，靠它区分零线和火线。

螺丝类

螺丝刀组

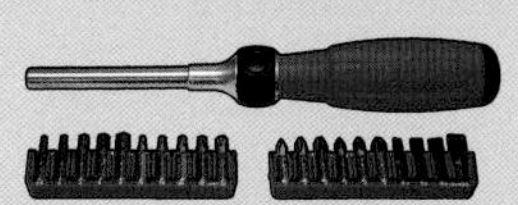

套装最好，不仅应有最常见的十字以及一字螺丝批头、还应该有内六角、梅花等批头。这样才不至于因为一颗螺丝而放弃作业。同时推荐棘轮手柄，拧时非常省力。

电动螺丝刀

又叫电起子，若有很多螺丝需要拧，那电动螺丝刀这个省力利器就能发挥大作用了。

膨胀螺钉组

时常备着各种尺寸的膨胀螺钉，换灯装挂件都会用得上。

暴力类

锤子、钳子、扳手套装

遇到需要使用蛮力的情况，只好把它们拿出来。

轻型冲击钻

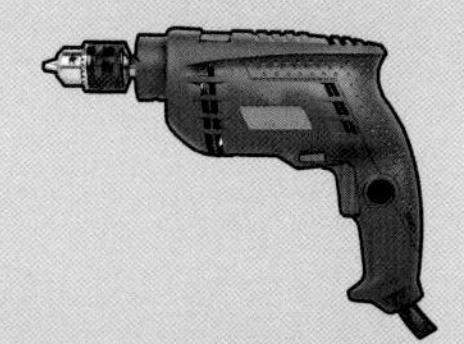

往墙上钉东西必备的工具。没它的话就连钉个卷纸杆都要花 50 块钱，安装师傅可能还嫌活太小不愿意来。

钻头

冲击钻钻头：万用钻头（8mm 以下就够用）、陶瓷钻头 6mm 或 8mm 买几个即可。

胶类

万能润滑剂

电影《老爷车》（*Gran Torino*）的男主角曾说："WD40、钳子和胶带，任何人靠这三样东西就可以搞定一半的家庭杂务。"

玻璃胶枪

玻璃胶在任何建材表面都可使用，不怕水，且黏性超强，是超级好用的万能胶。

生料带

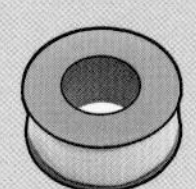

遇见水龙头漏水用它包裹一下就好了。

绝缘胶带

如果需要做一点电工活，绝缘胶带是必备品。

结　语

我曾经购买过市面上几乎所有的装修类书籍，试图参考和学习，却发现市面上图集类的装修书不少，可大多翻过即忘，留不下什么深刻印象，到底还是不能让人学会装房子。而真正有营养，有方法论，能够教会读者怎么装修的书籍寥寥无几。有一套我认为写得非常好的装修书，归根结底其实还是收纳类书籍。

这让我萌生了一个念头——干脆自己写一本得了，以填补这块空白。我常常作为设计师奔走于工地之间，埋头于图纸之间。在这本书中，我着力于归纳总结，将我的经验和教训、认知和感受，用一本书的形式呈现给大家。

写这本书的最大目的，就是希望让更多的屋主对装修怎么装、材料怎么选，有所认知和了解。为了让大家更加透彻地了解我的装修思路，我在文中着意强调了一种简单易行的装修方法。也正因此，本书可能颇具主观色彩，也可能有些偏激，对于这些语言和观点，还请认真和专业的读者海涵。

其实我和大家一样，只是个装修爱好者，也曾经历过迷茫和困惑，然而一步步走过来，我发现装修这件事，并不是想象中那么难，不仅如此，还颇具乐趣。如果这本通俗的装修入门读物，能够在装修这件“操心事”上对大家有所帮助，哪怕只有一点点，那也是我最大的荣幸。

王奕龙

出版后记

在事事讲求快节奏的当下社会，装修让我们本就匆忙的生活变得更加焦灼不堪。买房已经让人倍感压力，好不容易拿到新房钥匙，又想到还要面临装修的挑战，难免让人叫苦不迭。我们不禁要问，装修一定是枯燥、烦琐、劳累的吗？有没有更简单易上手的装修方法，可以让我们轻轻松松地打造一个宜居的小家呢？

大多数人对装修感到痛苦，是因为不知道装修装的是什么，对装修流程缺乏整体性的认知。针对这一装修痛点，作者独辟蹊径地提出了“装修三步法”，让装修也能变得“清晰有条理”和“简单易上手”，更从多年从业的第一手经验出发，为读者传授干货满满、实用接地气的装修秘诀。

本书是我们继《这样装修不后悔》和《这样装修省大钱》之后推出的第三本装修书，《这样装修不后悔》致力于帮读者躲避装修中可能遭遇的陷阱雷区，《这样装修省大钱》则悉心传授装修中的省钱之道。而这本《装修，做好三件事就够了》则更像是连接装修小白和进阶达人的桥梁书。对于已经读过前两本的读者，这本书能帮你梳理脑中积累的装修知识，将它们融会贯通。如果是新读者，不妨就先从第三本开始搭建装修知识框架，再通过前两本讨论专项问题的书籍让装修知识枝繁叶茂起来。

这本书无法让我们成为装修专家，但它至少可以让我们不至两手空空地踏入装修市场，让我们在面对设计师、施工队、商家等各方声音时，做到心里有数。祝愿你装修的路途一帆风顺。

服务热线：133-6631-2326　188-1142-1266

服务信箱：reader@hinabook.com

2021 年 5 月

图书在版编目（CIP）数据

装修，做好三件事就够了 / 王奕龙著 . -- 南京：
江苏凤凰文艺出版社，2021.5（2023.7 重印）
ISBN 978-7-5594-5366-2

Ⅰ . ①装… Ⅱ . ①王… Ⅲ . ①住宅—室内装修 Ⅳ .
① TU767.7

中国版本图书馆 CIP 数据核字 (2020) 第 216680 号

装修，做好三件事就够了

王奕龙 著

责任编辑　李龙姣
特约编辑　王　頔
装帧设计　柒拾叁号工作室
出版发行　江苏凤凰文艺出版社
　　　　　南京市中央路 165 号，邮编：210009
网　　址　http://www.jswenyi.com
印　　刷　天津图文方嘉印刷有限公司
开　　本　720 毫米 ×1030 毫米　1/16
印　　张　16
字　　数　210 千字
版　　次　2021 年 5 月第 1 版
印　　次　2023 年 7 月第 2 次印刷
书　　号　ISBN 978-7-5594-5366-2
定　　价　85.00 元

江苏凤凰文艺版图书凡印刷、装订错误，可向出版社调换，联系电话 025 - 83280257